脱！SNSのトラブル

増補版

佐藤佳弘
Sato Yoshihiro

LINE
フェイスブック
ツイッター

やって良いこと悪いこと

Musashino University Press
武蔵野大学出版会

はじめに

電車に乗ってあたりを見回すと、多くの人がスマホの画面に夢中です。読書をする人や新聞を読んでいる人はほとんどいません。ある日のこと、高校生らしき生徒たちの集団が電車にドヤドヤと乗り込んできました。うるさくおしゃべりを始めるのかと思いきや、全員がスマホを取り出し、黙ってうつむいています。誰も言葉を発しません。静かで異様な電車内の光景でした。

２０１９年5月に年号が平成から令和に変わりました。新しい時代の始まりです。平成元年の１９８９年に、あなたはどこで何をしていましたか？ まだ生まれていなかったのならば、当時の社会を想像してみてください。平成元年というのは、昭和の歌姫、美空ひばりさんが亡くなった年です。映画では「魔女の宅急便」が上映されました。任天堂のゲームボーイが大ヒットしました。海外に目をやれば、ベルリンの壁が崩壊しました。中国では天安門事件が勃発しています。

あなたは、これらのニュースをどうやって知りましたか？ ネットで知ったという人はいないはずです。なぜなら平成元年は、まだスマホもネットもＳＮＳもない社会だったのです。

インターネットが私たちの生活の中に普及し始めたのは、それから7年後の平成7年からです。この年の新語・流行語大賞トップ10にインターネットという言葉がエントリーされました。それから20数年で、インターネットは社会の隅々に普及しながら社会を大きく変えてきました。さまざまな利便性をもたらした半面、多くの問題も引き起こしています。ＳＮＳでのトラブルもその一つです。

ラインやフェイスブック、ツイッター、インスタグラムなど、インターネットを使って誰もが情報を気軽に発信できるようになりました。子どもから高齢者までＳＮＳの利用者の年齢層が広がるとともに、ＳＮＳをめぐるトラブルの被害も裾野を広げています。子どもにスマホを持たせた保護者は、わが子がトラブルに遭うのではないかと心配していることでしょう。

ＳＮＳをめぐるトラブルは深刻化しています。そこでＳＮＳの利用者全員に、トラブルの現状を知ってほしいという思いで本書を執筆しました。未知のトラブルを未然に防ぐことは難しいでしょう。でも、少なくとも本書に掲載されたトラブルを知っていれば、同じトラブルを避けることができます。それが情報の力です。本書が皆さんのより安全で便利なＳＮＳ生活の役に立つことを願っています。

最後になりましたが、増補版を企画してくださった武蔵野大学出版会の斎藤晃さんにお礼申し上げます。何度も田無のインド料理店で打ち合わせをしましたので、私はカレーとナンが大好きになりました。

毎回、私の著書にピッタリのイラストを描いてくださるイラストレーターの初瀬優さんにも感謝します。私が脱稿した時にはすでにイラストが完成しているという仕事の速さには、いつも感心しています。また、デザイナーの田中眞一さんにも感謝します。私のつたない原稿が本らしく見えるのは、デザイナーさんのプロの腕のお陰です。

増補版として本書を再び世に出すことができたのは、関係者の皆さんのお陰です。
ありがとうございました。

２０２０年2月　著者

佐藤　佳弘

【目次】

◉第6章 トラブルにあわない使い方

【第1章】

SNSはトラブルメーカー

1

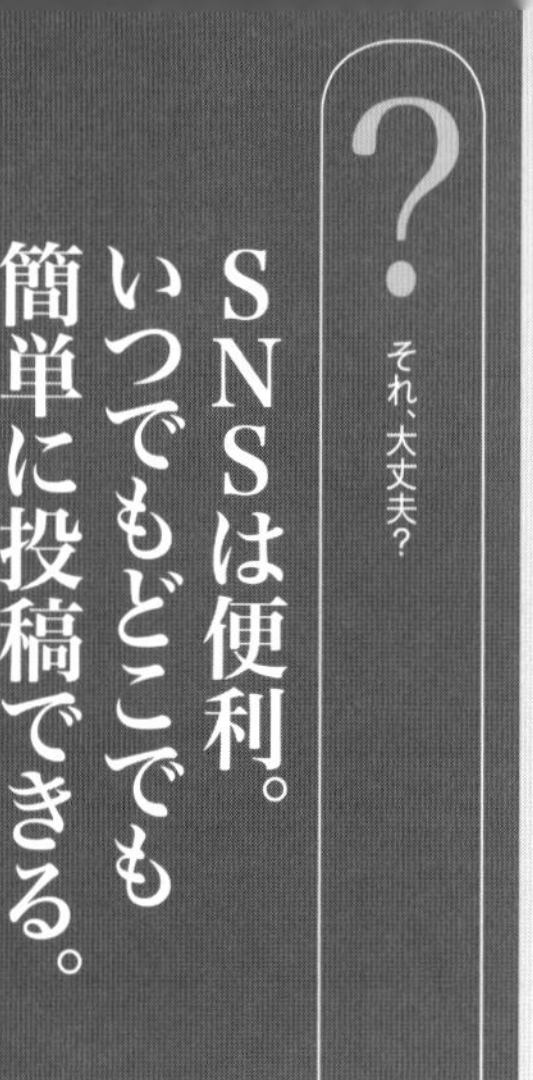

それ、大丈夫?
SNSは便利。
いつでもどこでも
簡単に投稿できる。

便利＝危険

電車に乗ったら、まわりを見回してみよう。大人も子どもも、立っている人も座席にいる人も、多くの人がスマホ（スマートフォン）の小さな画面に見入っている。いつでもどこでもネットにつながるからだ。

「スマホって便利だなぁ」と思っ

たら、ぜひ思い出してほしい。便利だということの裏には必ず危険がある。便利な道具には、必ず事故や怪我、犯罪がつきまとう。便利であればあるほど危ないと思った方がよい。たとえば自動車。とても楽に移動ができるが、別の面を見れば、毎年4千人もの人が交通事故で亡くなっている。だから、事故を防ぐための工夫やルールが必要なのだ。

クレジットカードもそう。現金を持たずに買い物ができて便利だ。でも、カード犯罪が発生して、多くの人が被害にあっている。だから、犯罪を防ぐために本人確認の技術が必要だ。

ネットも便利なものだ。特に、SNSは多くの人が利用している。いつでもどこでも人とつながる。自分から発信ができるし、投稿を読むこともできる。ところが、SNSをめぐるトラブルやしくじりも多い。その失敗には、人生を棒に振るハメになるような怖い落とし穴があったり、友人や大切な人を失ってしまうような大きなつまずきもある。

だから、SNSの裏にあるトラブルやしくじりを知って、それらの危険を避けて、上手に使ってほしい。そういう思いで本書を世に出しました。先人たちの失敗がたくさん詰まっています。皆さんの身を守ることに役立ててください。

Point

便利の裏には危険がある。トラブルやしくじりも多い。

2

それ、大丈夫？

運の悪いやつがトラブルにあう。でも私は大丈夫。

SNSでのトラブル

いやいや、トラブルにあうのは運が悪い人だけではない。誰がトラブルにあってもおかしくないのだ。SNSトラブルについての調査によると、半数の人が「SNS上のトラブルに巻き込まれたことがある」と回答している。[注1]

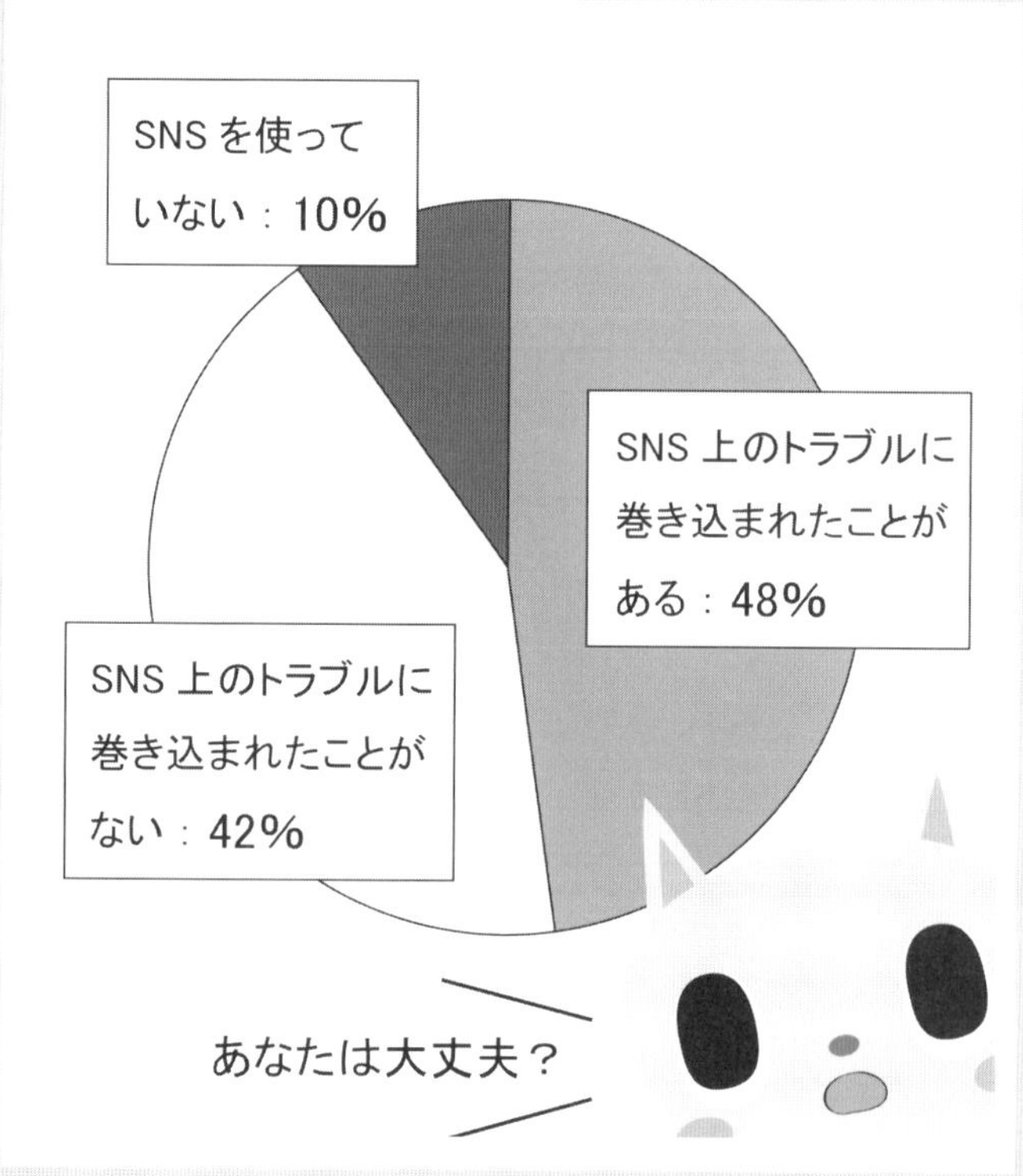

有効回答数：860名（男性：323人 女性：537人）
アンケート期間：2015-03-25～2015-04-15

つまり、2人に1人が被害者だ。いつ自分が被害にあってもおかしくないということがわかるだろう。いや、すでにトラブルを経験しているのではないだろうか?

子どもから大人まで多くの人がSNSを使うようになった。利用者の増加に伴って、SNSでのトラブルもまた多く発生するようになっている。そのトラブルの原因で最も多いものは写真である。「フェイスブックに勝手に写真をアップされた」と「ツイッターで勝手に写真をアップされた」を合わせたトラブルがダントツで36%になる。

「見られたくない写真を掲載された」「勝手にタグ付けされてバラまかれた」「『この女誰? www』とコメントされて傷ついた」……これらは被害者の生の声である。

その次に多いトラブルは、「LINEで返信を強要された」の18%、「ツイッターで言い合いになった」の15%が続く。また、「フェイスブックでドタキャンがばれた」が10%もある。

多くの人に利用されているフェイスブック、ライン、ツイッターのSNS御三家が、そのままトラブルメーカーになっているのだ。運の悪い人がトラブルにあうのではない。SNSを使う人がトラブルにあうのです。

Point

!

SNS利用者の半数がトラブルを経験している。

3

それ、大丈夫？

恋人がＳＮＳでつながるのは当たり前だよね。

恋愛とＳＮＳ

好き好き、ラブラブ、いつも一緒にいたい。1秒でも長くいたい。だから、ＳＮＳでつながっていたい。

ＳＮＳは離れている二人の距離を縮めてくれる。これは恋愛にはうれしい効果と思うかもしれない。ところが、意外にも、逆にうっとうしい

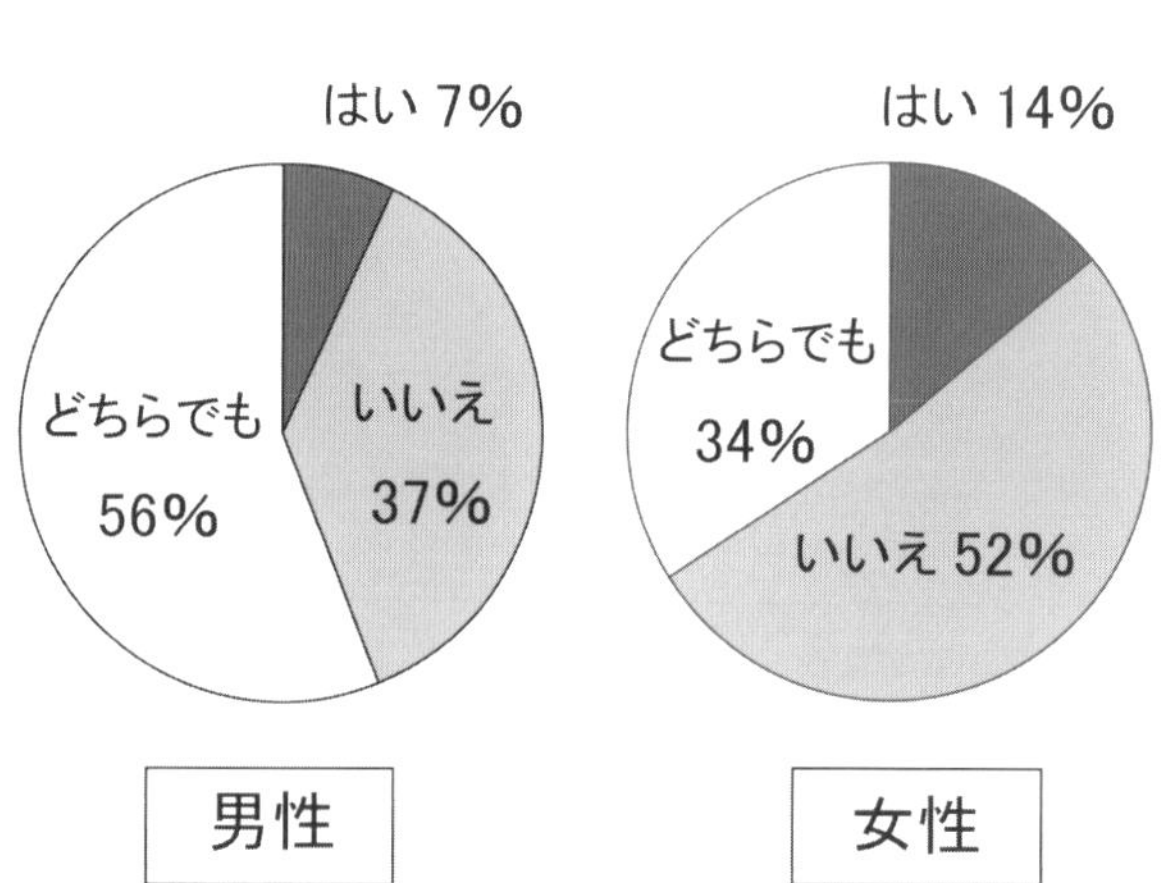

出典：恋人と SNS でつながっていたい？｜アンケート結果｜婚活応援サイト恋のビタミン

と思われているというデータがある。

ある調査によると、なんと女性の半数以上が「恋人とSNSでつながっていたくない」と答えている。女性の中でつながりたくないと思っている人の割合は、男性よりも15ポイントも多い（婚活応援サイト恋のビタミン）。恋愛をしている女性はつながりたがるものだと考えるのは、男の勝手な思い込みのようだ。

女性は、恋人同士ではSNSをきっかけとしたケンカが起こりやすいことを知っているのかもしれない。SNSを見ていれば相手の行動が見えてくる。どこで何をしているのかがわかってしまう。相手の行動を把握できるので、逆に恋人同士のケンカのもとにもなるのである。

「ログインしているのに返信しない」「他の異性と楽しそうにしている写真がアップされた！」『いいね！』してくるあの人は誰？」「他の異性に馴れ馴れしいコメントを入れた！」……。

好きであればあるほど、相手の行動が気になる。SNSをしていなければ、こんな心配はなかったのに……。行動が筒抜けになってしまうSNSは、別名「浮気監視ツール」ともいわれる。お互いに監視し合うほど仲がよいならば、どうぞご自由につながってください。

Point

SNSはケンカのもと。つながり過ぎるのも考えもの。

4

それ、大丈夫？

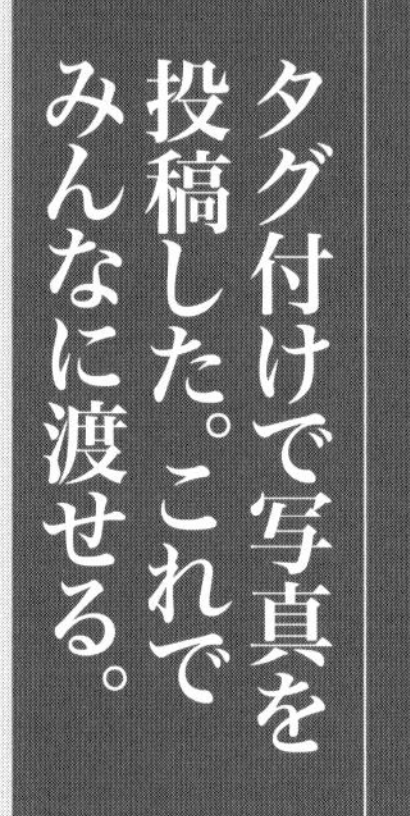

タグ付けで写真を投稿した。これでみんなに渡せる。

タグでばらまく写真

仲間と楽しく写真を撮った。仲間の一人ひとりにメール添付で送るのは面倒だ。そこで、フェイスブックにタグ付けで投稿する。一発でみんなに渡せて便利だ。

タグ付けすれば、それぞれの人が持っているフェイスブックページに

「〇〇さんがタグ付けされました」というメッセージと一緒に、写真が自動的に掲載される。集合写真を関係者にいちいち送らなくて済むので便利だ。でも、このタグ付けという機能が、実はよけいなおせっかいなのである。

タグ付けされた写真を見るのは、タグ付けされた本人だけではない。タグ付けされた本人の友達リストに登録されている人の、フェイスブックページにまで掲載される。関係者どころか、まったく無関係な人にまで写真をバラまくことになる。それが、タグ付け機能なのだ。友達はもちろん友達だ。でも、友達の友達は赤の他人だ。その他人にまで写真をバラまいていることになる。

このようなトラブルを受けて、フェイスブックには、「タグ付けを承認しない」という設定が追加された。ツイッターにもフェイスブックと同じような「写真タグ付け機能」がある。これも、友達の許可なく写真にタグ付けすると嫌がられるから、使わない方がいい。

「用事があるから」と他の誘いを断って参加したのに、勝手にタグ付けされると、ウソがバレて困る人もいるかもしれない。タグ付け機能は、「誰がどこにいたのかを、関係者以外の人にも一方的に知らせる危険なおせっかい機能」だと心得よう。

Point

!

友達の友達は他人だ。
タグ付けは他人に写真をばらまく。

5

それ、大丈夫？

私は用心深い。悪人がいてもだまされない。

詐欺に格好な道具

その自信が落とし穴だ。現実に「日本中の人がダマされても、私だけはダマされない！」と豪語していた人が振り込め詐欺の被害にあって、肩を落としている例もある。

警視庁が振り込め詐欺被害者から聞き取り調査した結果では、被害者

自身も92%は、「自分は大丈夫だと思った」「考えたこともなかった」と回答している。詐欺師の悪知恵は、常に凡人を上回ると思った方がよい。

電話での振り込め詐欺以上に、SNSは犯罪に格好の道具である。

ネットは匿名で投稿できるし、居場所を選ばない。声を聞かれることがないし、顔を見られることもない。格安の費用で犯行ができる。こんなに詐欺犯罪に向いている道具を悪人が利用しないはずがない。だからネットには、ワンクリック詐欺や架空請求はもちろんのこと、お試し商法やオークション詐欺など、新手の詐欺が年々登場している。

詐欺師の悪知恵は一般人よりも常に上回っている。その現実を認めよう。残念ながら、完全な予防策はないと思った方がよい。私たちにできることは、学習である。被害の前例をムダにしないためにも、新しい手口の情報を得て、同じ手口の被害に二度とあわないようにすることである。本書がその学習の手助けになればと思っている。

本書では、SNSを悪用した数々の詐欺の手口を紹介している。同じ詐欺にだけはダマされないようにしてほしい。

Point 

誰もが被害者予備軍。悪人の悪知恵は凡人を上回る。

6

それ、大丈夫？

友達を自動的に追加登録できる機能があるらしい。

任せちゃいけない友達登録

子どもたちに、「スマホを持ったら何したい？」と尋ねたら、答えは「LINEだろう。子どもたちの「スマホ持ちたい」の要求は、イコール「LINEやりたい」なのだ。子どもたちは中学入学祝いや、高校合格祝いに、必ずやスマホをリクエスト

するだろう。スマホを持つと、まずＬＩＮＥをインストールして初期設定ということになる。その時に気をつけてほしいことがある。それは、「友だち自動追加」と「友だちへの追加を許可」についての設定である。

初期設定の利用登録画面で「友だち自動追加」と「友だちへの追加を許可」を選択させようとする画面が出る。そして、その２つの先頭にはすでにチェックマークが入っていて、下に登録ボタンが表示される。ここでこのまま登録ボタンを押してはいけない！「友だち自動追加」と「友だちへの追加を許可」のチェックは外すようにしよう。チェックを外してもＬＩＮＥは全く支障なく使える。

では、「友だち自動追加」を選択するとどうなるのか？そのスマホに入っているアドレス帳がネットに転送されるのである。転送先は、ＬＩＮＥのサーバー、つまりＬＩＮＥ株式会社のコンピュータである。こうして収集したアドレス帳で利用者の交友関係を把握し、友達に自動登録するのである。ここにチェックを入れたままだと、別れた元カレや、嫌な上司が勝手に友達登録されてしまうことになる。「○○さんがＬＩＮＥを始めました」という表示は、アドレス帳が使われている証拠なのだ。

また、「友だちへの追加を許可」にチェックを入れると、他人のスマホに勝手に友達登録されかねない。これもトラブルのもとだ。

Point ！

「友だち自動追加」を選んだら、スマホのアドレス帳が転送される。

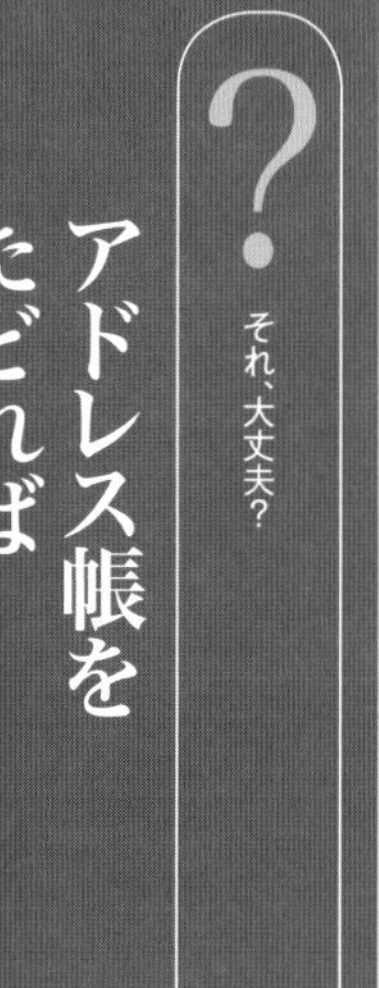

7 アドレス帳をたどれば全人類につながる。

それ、大丈夫？

六次の隔たり

意外な人が共通の友達にいることがわかり、「世の中、狭いね」などと言ったことはないだろうか。

世の中には「六次の隔たり」という仮説がある。友達の友達というふうに、6回たどれば世界中のすべての人とつながるというものだ。

例えば、Aさんに44人の友達がいるとする。その友達一人ひとりにもそれぞれ44人の知り合いがいるとする。そして、その知り合いも、それぞれ44人ずつ知り合いがいる。この関係を6回繰り返すと、44の6乗で72億人がつながり、世界人口に匹敵するのだ。また、条件を変えて、知り合いが23人だとすると、1億4千800万人がつながる。これは、日本人口を上回る。

スマホのアドレス帳を見てほしい。五十音すべてに一人ずつ登録されていたとしても、すでに50人の知り合いがいる。あなたは年賀状を何通出しているだろうか？　学校では何人クラスだろうか？　44人も23人も、現実には十分にあり得る人数である。こうして蜘蛛の巣のように張り巡らされた知り合い関係がSNSの中に再現されて、ネットワークとなっているのだ。

友達限定に設定して投稿しても安心できない。悪口を書いたら、いつの間にか本人に伝わっていたという怖いことが起きる。そもそも公開範囲を友達限定にしていても、最初の送信先が限定されただけで、受け取った友人にもSNSのネットワークがある。そこから先にあるネットワークを遮断しているわけではない。「内緒だからね」と耳打ちした話が、いつの間にか広まっていたというのは、日常の中でもよくあることだ。

Point

!

すべての人はつながっている。公開範囲を限っていても危ない。

8

それ、大丈夫?

暇さえあればうつむき姿勢でSNSに夢中。

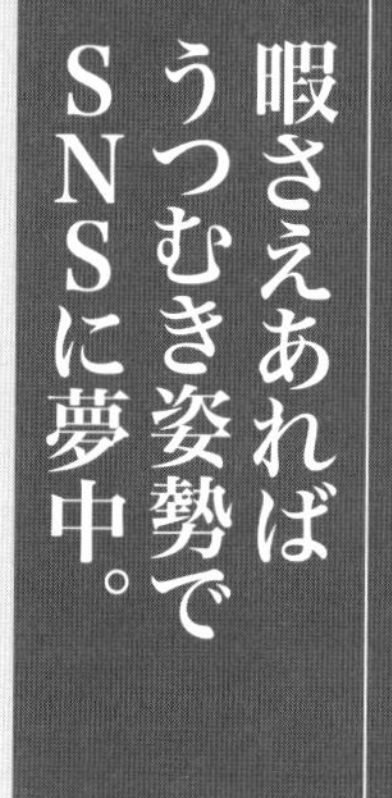

ストレートネック

SNSに熱中し過ぎると体にもよろしくない。健康上のトラブルを招くことになる。その代表的な健康トラブルがストレートネックだ。

いつもうつむいた姿勢でスマホを操作していると、頸椎(けいつい)に負担がかかる。頸椎とは首の部分である。

頭部の重さは、体重のおよそ1割といわれている。体重60キロの人ならば、1リットルのペットボトル6本分を首の上に置いているのと同じことだ。それほど重い頭部を支えるには、体の真上にあるときが最も安定し、首への負担が最小限になる。逆に、頭を傾けていると首に大きな負担がかかる。

頸椎には多くの大切な神経が集まっていて、体の中では特に重要な部分である。ここに負担をかけて、筋肉を緊張させたままにしておくと、ストレートネックになり、全身に症状が出るのである。その症状は、頭痛、肩こり、吐き気、めまい、耳鳴り、疲労感、不眠症、自律神経失調症などである。うつむく姿勢を長時間続けることが引き金になるので、パソコンや読書の悪い姿勢もストレートネックを引き起こす。

また、うつむいた姿勢は、精神的にもよろしくない。手を腰に置いた「仁王立ちのポーズ」や、「ガッツポーズ」など、力強いポーズを2分間とっただけで、「体内のテストステロンが増えた」という実験結果がある。テストステロンはやる気を刺激する物質である。逆にうつむいた弱々しいポーズは、ストレスホルモンを増加させて不安感を大きくする。時にはSNSをやめて、スーパーマンやワンダーウーマンのように、手を腰に当ててまっすぐに立ってみよう。

Point

！

頸椎に負担がかかり
全身に症状が出る。

それ、大丈夫?

プロフィール写真にミッキーを使う。これはかわいい。

キャラクターの使用

はじめに断っておきたい。ウォルトディズニー社のキャラクター管理は特に厳しい。自社作品の著作権の維持に異常なほど執着していて、その過剰さがしばしば批判されるほどだ。人類の文化遺産をイチ企業が私物化しているという批判も強い。結

み●きーくん
フォローされています

論として、ミッキーの利用はやめておいた方がよい。

ウォルトディズニー社のキャラクター管理の厳しさを示した出来事がある。ある小学校で、児童が卒業記念に描いたミッキーマウスの絵を消させた事件[注2]である。小学校の卒業生（男子児童106人）が、卒業記念として低学年用のプールの底に、ミッキーマウスとミニーマウスの絵（直径約3メートル×2つ）を描いた。この絵に対してディズニー側は「ミッキーマウスとミニーマウスはわが社の代表的キャラクター。無断使用は一切認められない」として消させたのである。ディズニーは子どもたちに夢を見させているかのように見えて、実は夢を壊すこともするのだという現実を見せつけた。

米国では、1928年に発表された、『蒸気船ウイリー』のミッキーマウスの著作権保護期間が切れようとすると、その度ごとに、著作権法の改正で保護期間が延長されている。今は2023年まで延命されていて、米国の著作権法は、「ミッキーマウス保護法」といわれているくらいだ。

個人のSNSのプロフィール写真にミッキーを使ったくらいで、ウォルトディズニー社がいちいち訴訟するという可能性は低いだろう。しかし、明らかな法律違反であるため、もしも訴えられたら確実に負けることになる。

Point

ディズニーのキャラクターはやばい。小学校の卒業制作さえ消させた。

10

それ、大丈夫？

ブルーライトで失明するなんてこと本当にあるの!?

失明

「スマホ画面から出ているブルーライトが失明の原因になる？」

その可能性についての論文（米トレド大学）が、２０１８年７月にScientific Reports誌に掲載され、この発表が多くの不安と心配を呼んだ。

ブルーライトとは、人間の目で見ることのできる光の中で、最も波長が短い可視光線である。ブルーライトは、太陽光線に含まれているし、テレビやパソコンからも放出されている。スマホのディスプレイ画面からも発せられている。目から入るとそのほとんどが、角膜や水晶体を通り抜けて網膜に達するので、「網膜にダメージを与えるのではないか？」と心配された。さらに暗い場所では瞳孔が開いているため、より多くのブルーライトが網膜に届いて危険性が高まるという。

この警告に対して、同年8月には米国眼科学会（AAO）が「スマホからのブルーライトは失明を引き起こさない」と題するメッセージを公式サイトで公開した。これにより、「スマホでの失明が現実に起きる根拠はない」というのが、現在の見解となっている。

ただし、ブルーライトが目に全く影響ないというわけではない。夜に近距離でブルーライトを見続けると、体内時計を狂わせて、睡眠の質を低下させるという研究結果がある。決して体によいとはいえないのだ。また、まばたきが減ることから、ドライアイの可能性も指摘されている。長時間の画面の凝視は避けるべきだろう。ついでにいうと、米国眼科学会は、「ブルーライトカットのメガネの効果も実証されていない」としている。

Point !

スマホで「失明しない」が学会の見解。ただし、体内時計が狂うという研究結果あり。

11

それ、大丈夫？

景色が二重に見える。片目の方が見やすい。ぼやけて見える。

急性内斜視

「あれれ！　モノが二重に見える！」そんなことがあったら、自分の黒目の位置を他の人に見てもらおう。片目だけが寄り目になっていませんか？

片方の瞳だけが中央に寄っていたら、急性内斜視の疑いがある。この

症状は「スマホ内斜視」ともいわれ、若い世代に増えているようだ。

目は近くのモノを見るときには、眼球を内側に寄せていて、眼球を内側に向ける筋肉（内直筋）が縮んだ状態になっている。スマホを近くで長く見つめ続けていると、縮んだ状態が固定化されてしまうのだ。だから、ＳＮＳに夢中になった後に、顔を上げると遠くの文字がかすんで見えることがある。「片目のほうが見やすい」ということがあったら、斜視の前兆かもしれない。

読書のときも本を目の近くで見ているが、ページをめくるときには目が動く。目を動かしながら読書しているので、内直筋が固まることがない。それに比べて、スマホの場合は目が動かないのだ。

実のところ、スマホと急性内斜視との関係は明確になっていない。若年層へのスマホの普及に伴って急性内斜視が増えていること、スマホの使用をやめて改善された事例があることなどの状況証拠から、スマホが重要な容疑者とされている。３Ｄ映像やＶＲも眼球を内側に向かせるため、斜視につながる恐れがあるらしい。そのため、任天堂は、「６歳以下は３Ｄ映像を表示しない設定にしてください」と取扱説明書に明記している。また、「プレイステーションＶＲ」を販売するソニー・インタラクティブエンタテインメントも「対象年齢は12歳以上」と注意を呼びかけている。

Point ！
長時間の使用は目の調節に影響する。子どもの３ＤやＶＲにも注意。

12

それ、大丈夫？

まだ若いのだから老眼になんかなるはずがない。

スマホ老眼

遠くがぼやける。手元の文字にピントが合わない。夕方になるとスマホ画面が見にくい……。こんな状態になったら、スマホ老眼の疑いがある。若くても「老眼」になるのである。

目のピント調節をしているのは、目の中の水晶体と、その周りにある

毛様体筋という筋肉である。遠くを見たり近くを見たりするとき、毛様体筋を縮めたり緩めたりして、水晶体の厚みを変化させて、ピントを調節している。近距離にあるスマホを見続けていると、毛様体筋を縮めた緊張状態が続くことになる。その結果、毛様体筋が凝り固まって柔軟性をなくしてしまい、正常に伸び縮みができなくなる。

ＳＮＳに夢中になって長時間スマホ画面を見続けていると、毛様体筋が縮んだままの緊張状態になっている。このとき水晶体は厚くなっている。そして、スマホから顔を上げても、毛様体筋が縮んだままの状態になっていて、遠くにピントが合わず、ぼんやりしてしまう。これがスマホ老眼の症状だ。加齢による通常の老眼は、近くも遠くも調節機能が衰える。それに対してスマホ老眼は、近くが見えているのに、遠くが見づらくなるのである。

スマホ老眼とは、近くの物ばかりを長時間見ていたために起きる近視である。スマホ老眼の正体は仮性近視なのである。言ってみれば「近くが見える老眼」だ。しかし、仮性だからと甘く見てはいけない。立派な近視の入り口であり、そのままの生活習慣を続けていると正真正銘の近視になっていく。

Point !

スマホ画面を見続けると「近くが見える」老眼になる。

column コラム 1

ネット ストーカー

「待ち伏せ」や「付きまとい」をするストーカーは、ネット社会にもいる。ネット上では姿が見えないので、気が付きにくいけれど、ネットストーカーは、好きな人のＳＮＳのチェックを日課にしているのだ。

私たちがＳＮＳに投稿すればするほど、自らプライバシー情報を公開していると考えた方がいいだろう。このようなＳＮＳのオープンな状況のことを、「窓を開けて、裸で寝ているようなもの」と言う人もいる。この表現は、あながち間違いではない。ＳＮＳの中には、「どこに行ったのか？」「何をしていたのか？」「何を食べたのか？」などの私生活の情報であふれている。

これらのプライバシー情報はストーカーの大好物である。もしも、あなたが日々の出来事をＳＮＳに投稿しているとしたら、ストーカーはあなたの「交友関係」や「好きな物」、「趣味」「言い回し」「口癖」など、あなたに関する事柄をＳＮＳから把握するだろう。まさに裸で寝ているようなものである。

また、ネットストーカーは、オークションを利用することもあるので油断できない。

「自分が出品した品物を何度も落札してくれていたお得意様が、実はストーカーだった」という例もある。

「想いを寄せる人の使い古した私物」を手に入れていたのである。

【第2章】

だからあなたは嫌われる

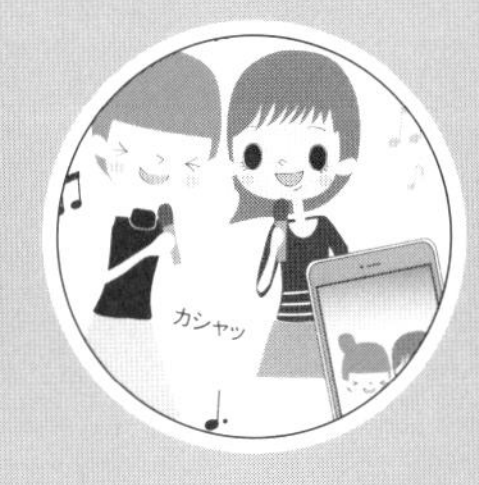

1

それ、大丈夫?

見て見て、私の子ども。こんなにかわいい。

子どもの顔出し

幼稚園や小学校のお遊戯会、学芸会、運動会。まだ世の中の汚れを知らない天真爛漫な子どもたちの笑顔はとてもかわいい。それがわが子であれば、なおさらだろう。写真やビデオに残したくなる親心はもっともだ。でも、その写真や動画に他人の

子どもたちも写っていませんか？

もし写っているなら、むやみやたらと公開するべきではない。その子の親にしてみると、知らないうちに自分の子どもの写真がＳＮＳに投稿されることになる。子どもを犯罪から遠ざけたいのであれば、子どもが写った写真や動画を投稿してはいけない。子どもの顔をネット上にさらすと、悪事を誘うことになりかねないのだ。

子どもの写真やビデオは、微笑ましいし、かわいらしいことは確かである。でも、残念ながら、親が思うほど、他人にとってはそれほど面白いものではない。子どもの写真やビデオは、家族や親せきだけで見るというのが正しい楽しみ方だろう。それらが再び陽の目を見るのは、その子の結婚披露宴での生い立ちビデオの時で十分である。

子どもの写真やビデオをネットにアップすることは、裸姿でない限り違法ではない。「わが子をタレントにしたい」「子役で活躍させたい」「だから今からＰＲする！」というのは、親の判断である。そのような方針ならば親の責任のもとで公開すればよい。しかし、他人の子どもを巻き込んではいけない。原則として、子どもの顔出しは厳禁である。ネットデビューは大人になってからである。

Point !

子どもの写真は犯罪を誘発する。よその子の写真は御法度。

2

それ、大丈夫？

美しい風景写真をフェイスブックのプロフィールに使う。

プロフィール写真

フェイスブックのプロフィール写真には自分であることがわかる写真を使おう。フェイスブックは原則、実名登録制である。それがフェイスブックの特徴のひとつとなっている。自分と同姓同名の人はけっこういるものだ。試しにフェイスブック上で

自分の名前を入力して検索してみるとよい。自分と同じ名前の人が想像以上に多いことに驚くだろう。誰だかわからないプロフィール写真を使っていると、全国の同姓同名の人が迷惑することになる。

動物の写真が使われていたり、風景の写真が使われていたり、プロフィール写真がプロフィールの役目を果たしていないのだ。また、キャラクターを使ったプロフィール写真はかなりヤバイ。商標権侵害となる。フェイスブックが実名登録制であることは、規約にも書いてあるので確認するとよい。偽った場合には、規約違反で退会させられても文句をいえないことになっている。偽名であることを疑われて、アカウントを一時停止されたり、証明書の提出を求められるというトラブルも発生している。

ストーカー被害を心配する人は、実名を出したくないであろう。また、立場や身分にとらわれずに意見を発信したい人もいるだろう。そういう人たちは、フェイスブックではなく、素性を知られない他のSNSを選択しよう。同じSNSでもフェイスブック以外は、ほとんどが匿名を許している。

むしろ、実名登録制を掲げているフェイスブックは、特異な存在といえる。事実上、匿名でも登録できるために、なりすましや詐欺の被害もある。フェイスブックが今後も実名路線を守って特異なSNSでいるのか、それとも実態に合わせて実名路線を捨てるのか、今後の動向に注目したいところだ。

Point !

フェイスブックは実名登録制。素性を明かして発信しよう。

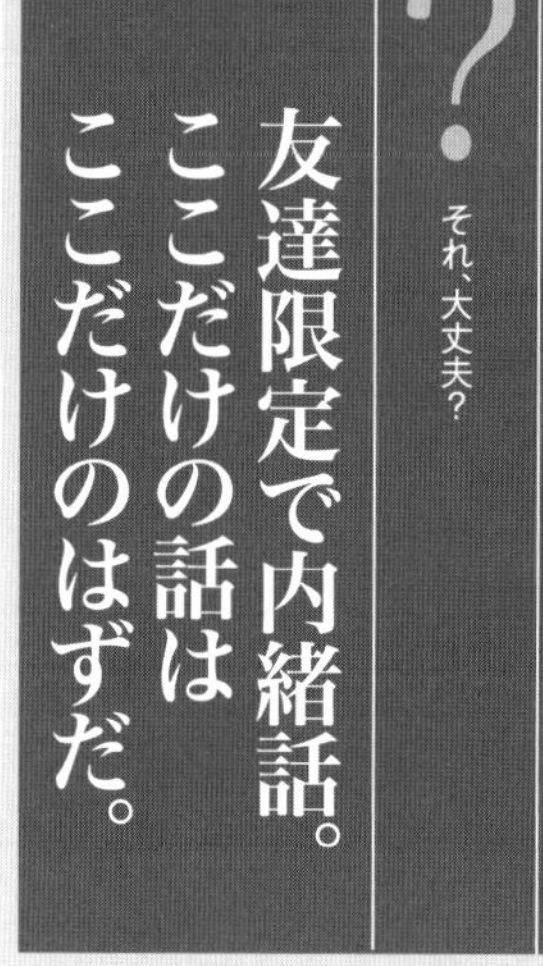

3 友達限定で内緒話。ここだけの話はここだけのはずだ。

悪口の投稿

お茶を飲みながら友達とおしゃべりするのは楽しい。気の合う友達と電話でのやり取りも、間違いなく楽しい。でも、これらの会話をネット上でやるとどうなるか?

SNSの世界は、友達の友達、またその友達というようにネズミ算的

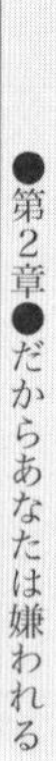

につながっている。「公開範囲を友達限定にしているから大丈夫！」なんてとんでもない。友達は友達で、別の友達ネットワークを持っている。友達限定で送ったとしても、最初の発信先が限定されただけで、その先に広がっていくことを止めているわけじゃない。「内緒だからね」と耳打ちした話が、いつの間にか広まったということは、日常でもよくあることだ。

SNSはもともと拡散ツールだということを忘れてはいけない。容易に拡散してしまうのだ。SNSでの悪口が、やがて本人に届くことは十分あり得ることだ。こうしてみると悪口やウワサ話は、お茶を飲みながら直接話すか、電話に限るということである。法的なことをいうと、おしゃべりや電話、メールで、どんなに人の悪口をいっても、侮辱罪や名誉毀損罪にはならない。一対一の会話であり人前での発言ではないからだ。しかし、SNSへの投稿は、多数の人が目にすることになり、「公然と」発言したことになる。すると、侮辱罪や名誉毀損罪が成立することになる。

だが、SNSでの悪口がただちに刑法に触れて、罰則が与えられるのかというと、そうでもない。侮辱罪や名誉毀損罪が親告罪だからだ。つまり、被害者が告訴しない限り、犯罪として成立しないし、罰金も懲役もない。

Point

SNSは拡散ツール。
秘密が広まることもある。

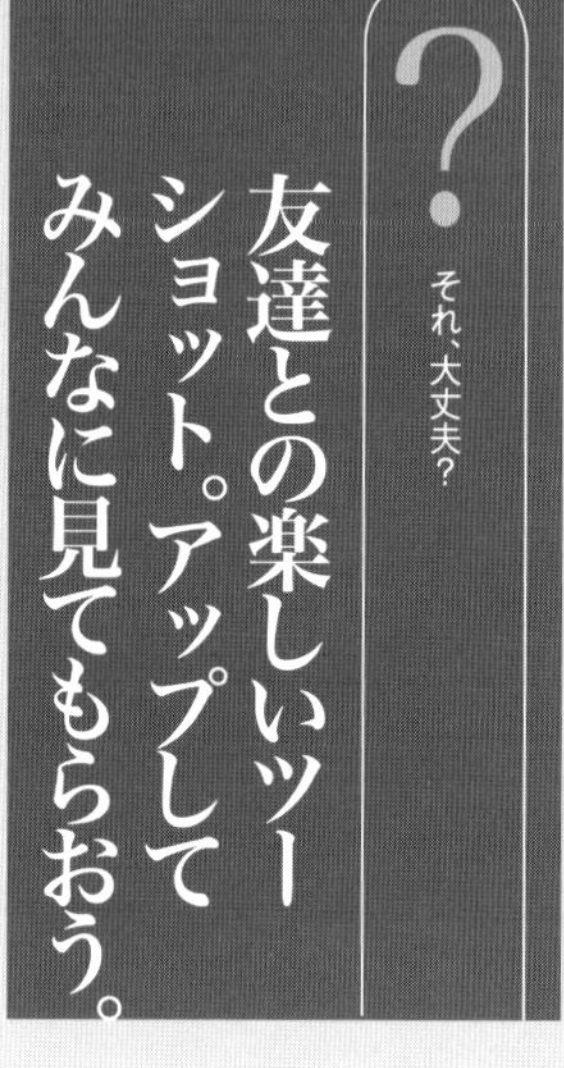

それ、大丈夫?

4 友達との楽しいツーショット。アップしてみんなに見てもらおう。

写真の無断投稿

「口は災いの因（もと）」という。SNSでは、「写真は災いの因」だ。SNSのトラブルで最も多いのは、「写真を勝手にアップされた」である。

写真自体は撮影した人の所有物だ。著作権も撮影した本人にある。そのため自分が撮影した写真は、自分の

好きにできると誤解している人がいる。写真が自分の所有物であっても、公開は自分の自由にはできない。写真に写っている人には肖像権があり、写っている人のプライバシーにも関係しているからだ。

気の合う仲間との食事会、久しぶりの同窓会、盛り上がったカラオケ、ボウリング、女子会……、この楽しい時間を写真で残したくなる気持ちはよくわかる。せっかく撮った思い出の写真を、出席者と分かち合いたい。その写真をSNSに投稿する。欲しい人はダウンロードすればよい。でも、ちょっと待ってほしい。写真に写っている人たちは、ネットに投稿することを了解していますか？　もし、了解を得ていなかったら、その行為は肖像権の侵害であり、プライバシーの侵害にもなる。

肖像権という権利は、2つの権利から成り立っている。みだりに撮影されたり描かれたりしない権利と、無断で公表されない権利である。日常生活では、カメラを向けたときにその人が拒否しなかったら、撮影を許可したと見なしてよいだろう。でも、SNSに投稿することを了解したとは限らない。SNSに投稿したければ、ネット掲載についても許可を得ておく必要がある。それが親しき仲にも礼儀ありだ。スマホを向けて撮影するときに、「ネットに載せちゃダメな人は、顔を隠してくださ〜い！」と呼びかけるようにしよう。

Point

無断で掲載したら肖像権侵害になる。事前にちゃんと断ろう。

5

それ、大丈夫？

ホントはこんな人。隠れた素顔をスクープした。

素顔の暴露

企業の採用選考では、ネットを使った素行調査が行われるようになった。ネットには、本人の日頃の行いや本音を、垣間見ることができるからだ。採用面接では、かしこまった、よそ行きの顔しかわからないが、ネットではその人の素顔が見えること

もある。

そうなると就活生は、自分の評価を悪くするようなものをネットに残してはいけない。いきがって書いた自慢話や武勇伝、ハメを外した悪ふざけ写真を掲載していないだろうか？

たとえウソであったとしても、就活生はネットに変な冗談を投稿しない方がいい。冗談で書いたことを本気にされると、自分の評価に響くことになる。米国では就職活動に入った学生は、ネット上での書き込みを削除することが常識になっている。

友人が勝手に投稿して被害にあったという人がいる。彼氏の前では真面目な女を装っていたのに、自分が酒で乱れている写真を、いつの間にか友人がSNSにアップしていた。それを彼氏に見られたことが原因で別れるハメになった……、という女性の訴えもある。

基本的に人が写っている写真を本人に無断で投稿してはいけない。プライベート写真なら、なおさらだ。それなのにSNSには、プライベートの写真が多く投稿されている。自分のプライバシーならばまだしも、人のプライバシーも大安売りである。インターネットが普及して20年、SNSが使われ始めて、まだ10年。ネットのモラルが浸透するのは、まだまだ先になりそうだ。

Point

SNSで素顔がバレる。思わぬ事態になることもある。

6

それ、大丈夫？

落ち込んでいる友にスタンプで返答。明るくなると思う。

場違いなスタンプ返し

「彼氏とうまく行かない」「ケンカした」「バイトで失敗して怒られた」「やることなすことすべて裏目だ……」

生活の中では悩みの種は尽きない。悩みを相談したり、真面目な話をしているところに、能天気なスタン

その気持ち
わかるよ～
うぇーい
イラッ
ふざけてる

プで返されるとイラつくだろう。人の気持ちがわかってないと思われる。スタンプ返しは、相手が真剣に話をしているのに、変顔で相槌(あいづち)を打っているのと同じだからだ。雰囲気を明るくしようとしているのかもしれないが、真剣になっている方にしてみれば、茶化されたような気持ちになる。

離れた相手とSNSで会話していると、相手の顔が見えないので、場違いな空気で返してしまうことがある。それが間違ったスタンプ返しだ。「人の気持ちがわからない無神経なヤツ！」と言われてしまう。スタンプひとつで友達関係が悪くなるなんて、SNSは難しい。

そもそも、「真面目な相談話ならば、直接会って話せ！」と言いたいところだが、SNSがここまで普及すると、そんなことも言えなくなってきた。SNSでの会話は何でもありだ。

メールが普及を始めたころは、「頼み事は電話で直接するものだ！」といわれたものだが、今は「電話は相手の都合にお構いなしで割り込む失礼な道具」ということになっている。これが時代の変化だ。

LINEのスタンプは、たとえ劇画風に描かれていても、所詮スタンプ。どうしたってノリが軽い。どんなスタンプを選んでも真面目な相槌にはならない。軽い会話なのか、真面目な会話なのか、空気を読んで返信しよう。

Point ！ 真面目な話にスタンプ返しは、変顔での相槌と同じ。

7

それ、大丈夫？

友達登録は多いほどいい。まず友達申請だ。

友達申請しますね

ＳＮＳは、「ソーシャル・ネットワーキング・サービス」の略だ。ソーシャル・ネットワーキングをわかりやすくいうと、「お付き合い」である。その名前の通り、人と人との交流を支援する。親しくもない人と交流するためのサービスではない。

友達申請！
友達申請！
友達申請！
友達いっぱい！
私ってすごい！

また、結び付きたくもない人と友達になるためのサービスでもない。そこのところをわきまえて使い分けるようにしよう。通常の関係であれば、メール連絡で十分だ。一度会っただけなのに「友達申請しますね」は踏み込み過ぎだと理解できると思う。

友達にもランクがある。単に知っているというレベルから、親しい間柄まで友達といっても幅が広い。一度会ったくらいで、友達扱いのグループに入れるのはキツい。フェイスブックの場合は、規則上は実名登録制なので、名前を使って検索すれば、その人のフェイスブックページを見つけることができる。そのため、名前さえわかれば、フェイスブック上で友達申請ができるというわけだ。

友達の登録数が多いほどエライと勘違いしている人もいる。かつては携帯電話のアドレス帳の登録人数の多さが、友達の多さと勘違いされていた。手当たり次第に友達申請を出して登録者を増やそうとしている人は、登録数で人気度を評価しがちである。

イギリスの学者、ロバート・ダンバー[注1]は、平均約150人（100〜230人）が「それぞれと安定した関係を維持できる個体数の認知的上限」であると述べている。これをダンバー数という。会社や学校など組織の規模が150人くらいまでなら一人ひとりの顔がきちんとわかるレベルとされている。

Point !

多ければいいというものではない。人間関係には適正数がある。

8

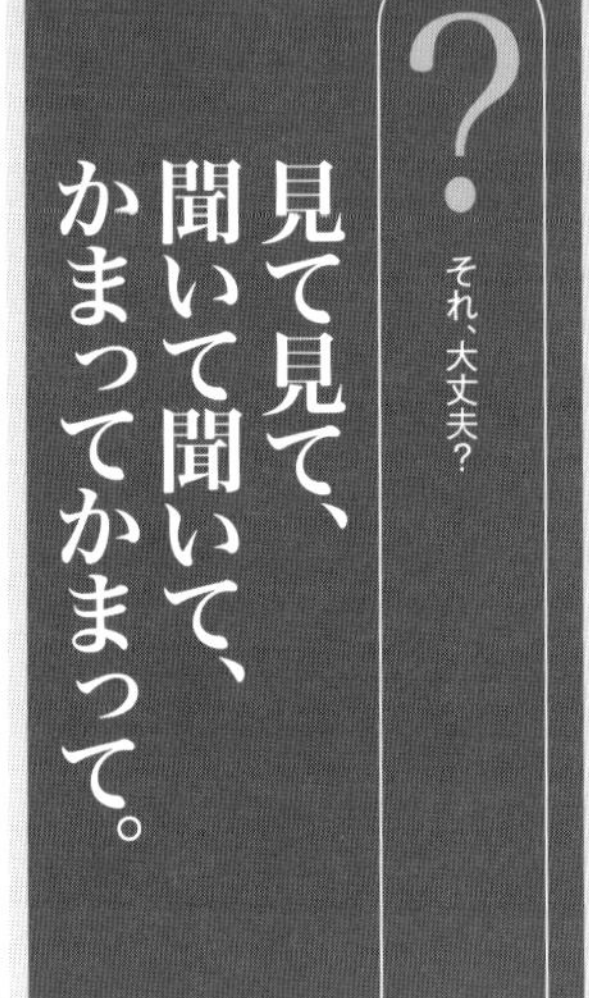

それ、大丈夫？

見て見て、聞いて聞いて、かまってかまって。

かまちょオーラ

「レストラン○○で念願のディナー」「日本脱出して○○で過ごす夜」「私へのご褒美に○○のバッグ」。誰かに言いたくなる気持ちはよくわかる。高級レストランで食事したら自慢したいだろう。海外旅行に行ったら、誰かに言いたいだろう。ブラン

日本脱出して○○で過ごす
今日は○○のスイートルーム
また仕事～
徹夜で仕事頑引
あ～忙しい！忙しい！
○のリング
エステで～
忙しい
ドヤッ

ド品を買ったら見せたいだろう。その欲求を満たしてくれる格好の道具がSNSだ。

リアルな生活が充実していることは、喜ばしいことではある。しかし、あなたの自慢話を友達登録の全員が聞かされているのだ。充実感の押し売りは控えたいものである。「私っていいでしょ？」という話題は、本音を言い合える親しい友達同士でやればよい。単にSNSでつながっているだけなのに、自慢話をわざわざ聞かされたのではかなわない。似たようなものにセレブアピールがある。

「今日もエステです！」

休日出勤したついでに、会社からチェックイン投稿をわざわざ行う。

「昨日から徹夜で仕事しています！」

「忙しい」＝「がんばってる」→「オレって偉い」という多忙アピールも、本人のハリキリとは裏腹に、見ている人はゲンナリしている。黙って仕事をしていればカッコいいのに、「すごいね！　エライね！」と誰かに言ってもらいたいのだろう。

「体調が悪いです」とか、「失敗して落ち込んでいます」という、ネガティブ投稿にはネットのテンションも下がる。見ていてわかる通り、ネガティブ投稿には明らかに反応数が減る。

Point !
リア充、多忙自慢、ネガティブ投稿。相手は反応に困ってます。

9

それ、大丈夫？

友達の友達は友達だ。みんな友達になろう。広げよう友達の輪。

友達つながり友達申請

SNSで一番やってはいけないこと。それは、友達の友達に友達申請することだろう。

友達つながりといえども、友達の友達は赤の他人だ。それなのに、友達つながりをいいことに友達になろうという魂胆が浅ましい。

どーぞーよろしくね★

あ！君も！！
よろしくねー★

ネットが当たり前の社会になったので、ネットで出会った人と結婚したという話を聞いても、驚かなくなった。ネットも出会いの場として市民権を得たようだ。ネットのワケのわからない掲示板やサイトで知り合うよりも、友達つながりの方がまだ縁があるように思える。それでも縁のタダ乗りは交友関係の悪用ではないか。

男が女友達を足場にして、手当たり次第に他の女子たちに友達申請しまくるのは、下心がみえみえだ。そんなことをされたら、足場にされた女友達の立場も悪くなる。

「あんな非常識な男と友達なのか！」と言われて、本人の評判もガタ落ちとなる。SNSは知り合いとの交流を支援するサービスであって、出会い系サイトではない。

SNSを始めたばかりの人は、登録の友達数を増やそうとして、手当たり次第に友達リクエストを出す人もいるようだが、注意した方がいいだろう。他人同然の人にまで無差別に友達リクエストを送っていると、評判を下げることになる。

「〇〇の友達です！」と友達の名前を出して申請してくる人は、承認すると今度は自分の友達に対して、勝手に申請を出す場合があるので気をつけよう。

Point

友達の友達は他人だ。友達を利用した友達申請は信用をなくす。

10

それ、大丈夫？

知り合いを発見。とりあえず友達申請を送っておこう。

無言の友達リクエスト

人にお願い事をするときに、無言で書類を突き出すなんてことがあるだろうか？

ＳＮＳには相手にメッセージを伝える機能がある。言葉を伝えることができる。それなのに「知り合いかも」と表示された相手に、機械的に

クリックして友達申請をしてはいないだろうか。

「あなたの友達リストに私を加えてほしい」というのはお願いだ。それなのに黙ってリクエストだけを送り付けるなんて、上から目線のぶしつけな印象を与える。

コンビニのレジや、お役所の窓口で、何も言わず無表情で用事を済ましている人がいる。相手は仕事だから、愛想よく対応してくれるけれど、友達リクエストを同じノリでやられたのではかなわない。リクエストだけを送り付けるというのは、相手にお願いをする作法に反している。まるで名刺交換の際に無言で名刺を突き出すようなものだ。

「知り合いに何かを渡すとき、無言で突き出すということはあり得ない」

そう考えれば、友達申請だけを送り付けるのは、ポストに放り込むダイレクトメールや、チラシと同じ感覚になってしまっているということがわかる。当然、無視の対象になり得る。

ＳＮＳにも作法はある。作法はすなわちマナーだ。手軽だからといって、申請ボタンをクリックするだけでお願いされたのではたまらない。ダイレクトメールの投函とは違うのである。気味の悪い無言申請はやめよう。

お願いするならメッセージも添える。親しき仲にも礼儀あり。

11

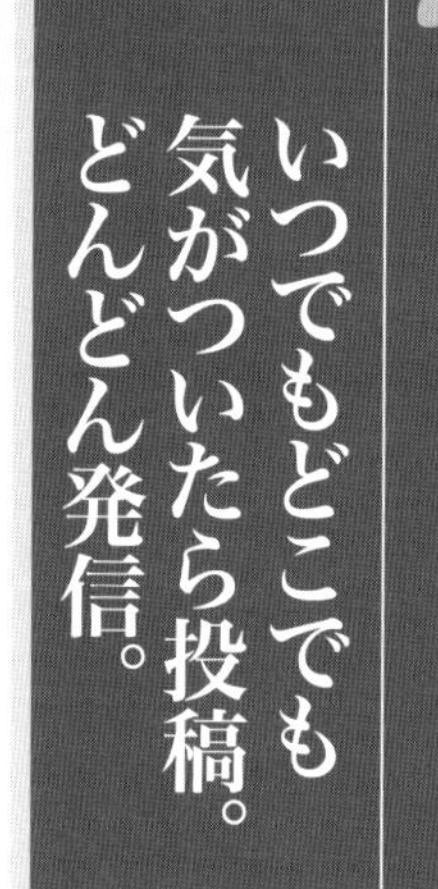

それ、大丈夫？

いつでもどこでも気がついたら投稿。どんどん発信。

長文投稿、連投

私たちの身のまわりには、インターネットを利用したコミュニケーションのサービスがいくつもある。ブログやメール、掲示板、ホームページなど、それぞれに合わせたコミュニケーションをしたいものだ。

ＳＮＳはおしゃべりや連絡に、と

ても適している。だから、ソーシャルネットワーキング（お付き合い）なのだ。親しい友人とのコミュニケーションを支援するサービスだと思って使えば間違いない。

そんなＳＮＳを場違いな使い方をすると、トラブルにつながる。その代表例が長文の投稿だ。ＳＮＳに投稿すると、登録されている関係者全員に向けて一律に発信される。そのことを想像すれば、長文が迷惑だということに気がつくだろう。

相手の立場になって想像してみよう。友人が読んでいるのは、あなたからの投稿だけではない。何人もの友人からの投稿も見ている。あなたの投稿ばかりにかまってはいられない。長々とした主張や意見は、相手の都合に関係なく送り付けるＳＮＳには不向きだ。ブログやホームページなど他の手段を使うべきだろう。また必要な人だけに向けてメールで発信するということも考えなければならない。

連続投稿も同じだ。受け取っている側は、あなたの投稿だけを読んでいるわけではない。読みたいと思う人が自分の都合のよい時にアクセスして読む手段と、登録者に対して一方的に送り付ける手段とを、使い分けてもらいたいものである。

ネットの発信手段の特徴を知って、投稿内容を選びたい。

Point

長文や連投は考えもの。投稿しているのはあなただけではない。

それ、大丈夫？

面白い動画を発見。あれもこれもみんなに教えよう。

シェアしまくり

SNSは情報を拡散させたり、共有したりするのに便利なツールである。ネットで見つけた動画、画像、記事、話題などをSNSで簡単に他の友人たちに知らせることができるし、受け取った人はさらに自分の友人ネットワークに簡単に広めること

あれも！
それも！
こっちも！
これも！
…お腹いっぱい…。

ができる。こうしてネズミ算的に拡散させることができるのがＳＮＳの特徴だ。

この強力な拡散力はマーケティングにも活用されている。これまで、テレビ、新聞、雑誌などマスコミのものだった強大な情報発信力を、個人のネット利用者が使えるようになった。そのお陰で、災害時にボランティアの呼びかけを一気に広めることができたり、協力が必要な時に、多くの人に声を届けたりすることもできる。発注個数の桁を間違えて、大量の商品を仕入れてしまった大学生協があったが、これを知った学生たちがツイッターで呼びかけて販売を助けた例もある。

フェイスブックにはシェアの機能がある。関係者に紹介したい情報があれば、「いいね」ボタンをクリックするだけで、友達登録している人たちのフェイスブックページに「シェアしました」というメッセージとともに表示される。

ところがこの便利な拡散ツールも、多用されるとわずらわしい。おススメのオンパレードとなるからだ。あなたは気に入ったのかもしれないが、好みや興味は人それぞれである。やたらにシェアされたのでは、フェイスブックページに次々に表示されてうるさくてかなわない。

ウザイ人にならないようシェアするコンテンツは厳選したいものである。

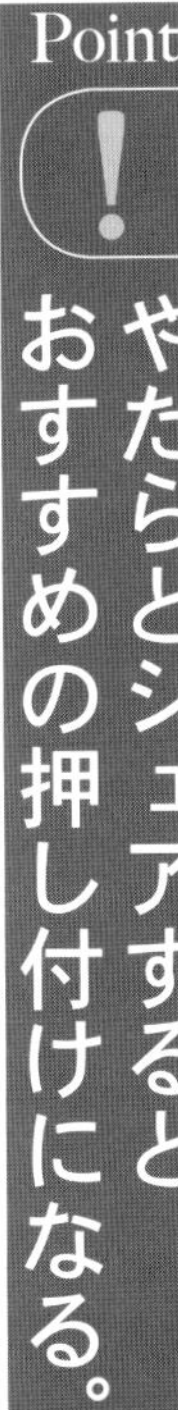

Point！ やたらとシェアするとおすすめの押し付けになる。

13

それ、大丈夫？

SNSしているだけ。なのに、なぜか私は避けられる。

口臭

スマホを持つ姿がどんなに素敵な人でも、笑顔とともに口臭が漂ってくると台無しだ。素敵な容姿も、素敵な所作も、全てが帳消しになる。

「SNSで口臭になるのか？」といぶかしく思うかもしれない。怖いことに口臭になるのである。それには

スマホを使う時の姿勢が関係している。スマホを手に持ち、前かがみ、うつむき、猫背になっている。この姿勢を長く続けていると、よいことは何一つない。そのよくないことの一つが口臭である。口臭にはうつむく姿勢が関係している。ゲームでも、長くうつむいていると同じように口臭が強くなる。

口の中は絶えず唾液が出ることで、浄化されている。ところが、長時間スマホを操作しているときには、唾液腺が圧迫されて唾液の分泌が低下する。アゴを引いた姿勢は、唾液を出にくくするからだ。また、夢中になることで脳が興奮すると、交感神経が優位になり、唾液の分泌が抑えられる。

あるテレビ番組がスマホと口臭の関係を実際に検証したことがある。口臭レベルを測定したところ、2時間のスマホ操作をした後では、口臭レベルが「ほとんど臭わない正常値」から、「少し臭うレベル」にまで上昇した。本当に口臭が強くなるのだ。たった2時間でも確実に口臭に影響している。

デートでの待ち合わせでは気をつけよう。暇つぶしにスマホをいじっていると口臭が強くなる。キスを期待しているのならば、スマホをバッグにしまって、決めセリフの一つでも考えた方が明るい未来のためである。待ち合わせでは、猫背にならず、まっすぐに立って相手を迎えたいものだ。

君の幸せは、スマホの中ではなく、現実世界の中にあることを忘れずに。

Point !

SNSに熱中すると口臭が強くなる。

column コラム 2

「いいね」しまくり

本人の病的な性格なのか、それとも粘着性の性格なのか、何でもかんでも「いいね」をする人がいる。「投稿を読んだ」ということの足跡を残したいのかもしれない。でも、「いいね」の安売りは考えものである。

女性にとっては、ことごとく「いいね」をされると、自分の投稿が監視されているようで気味が悪いそうだ。

また、「投稿したとたんに『いいね』が押される」というタイミングを何度も経験していると、ストーカー的な恐怖を感じ始めるという。

つまり「いいね」の一番乗りにこだわる人も気味悪らがれるということだ。投稿した途端に「いいね」がつく。最初は、たまたまの偶然だろうと思っていても、度々になると、まるで待ち伏せされているような不気味さに変わる。

逆に、自分の投稿に寄せられたコメントのすべてに返信している律儀な人もいる。本人から見れば全員が知人なのかもしれない。でも、あなたの友達同士がみんな友達関係とは限らない。知らない人との個人的なやり取りを見せられている人もいるのだ。

こうしてみると、投稿にあまり真面目にリアクションしない方がよさそうだ。毎日欠かさずＳＮＳをチェックし、すべてに「いいね」して、すべてのコメントに応えようとしていると、休んだり手を抜いたりができなくなる。そんな日が続くと、スマホ中毒やＳＮＳ疲れを引き起こすことにもなる。「ＳＮＳうつの原因」にもなる。何事もほどほどがよさそうだ。

【第3章】悪人があなたを狙う

1

それ、大丈夫？

明日は旅行だ。ウキウキ気分を投稿しよう。

プライバシーばらまき

SNSで、自分の私生活のことを、人に知らせようとするアブナイ人が多い。身内や友人だけで知っていればよいことを、わざわざ世間に公表してしまうのである。

アブナイ投稿の代表例が、旅行の予定だ。家を留守にする日程を世間に知らせている。「この日は自宅にいません。どうぞ空き巣に入ってください」と案内しているようなものだ。空き巣には何ともうれしいニュースではないか！

旅行に行ったことを報告したければ、帰宅してから「行ってきました」と過去形で投稿しよう。自宅が留守になることを世間に知らせるメリットは何もない。まさか親切な人が留守中にやって来て、掃除でもしてくれると思っているのだろうか。

留守の予告と同じようにアブナイ投稿が、「○○なう」（現在進行形）である。リアルタイムに臨場感を伝えたいのはよくわかる。この投稿も「今、自宅にいません」というお知らせになる。今どこにいるのかを知らせてくれるなんて、空き巣だけでなく、ストーカーにとってもたまらない情報だ。できればこれも後から、「○○わず」（過去形）で投稿したい。

そして、位置情報、チェックインにも気をつけたい。あなたの通学や通勤の経路、よく立ち寄る場所がＳＮＳから推測される。自分の行動を公開すれば、あなたのファンが出待ちしていて、花束やプレゼントを渡してくれるかもしれないという期待は、ムダな妄想である。

投稿された写真を使って、地図上に居場所をプロットする無料アプリもあるのだ。

Point

留守にすることを世間に公表している。空き巣にはありがたい情報だ。

2

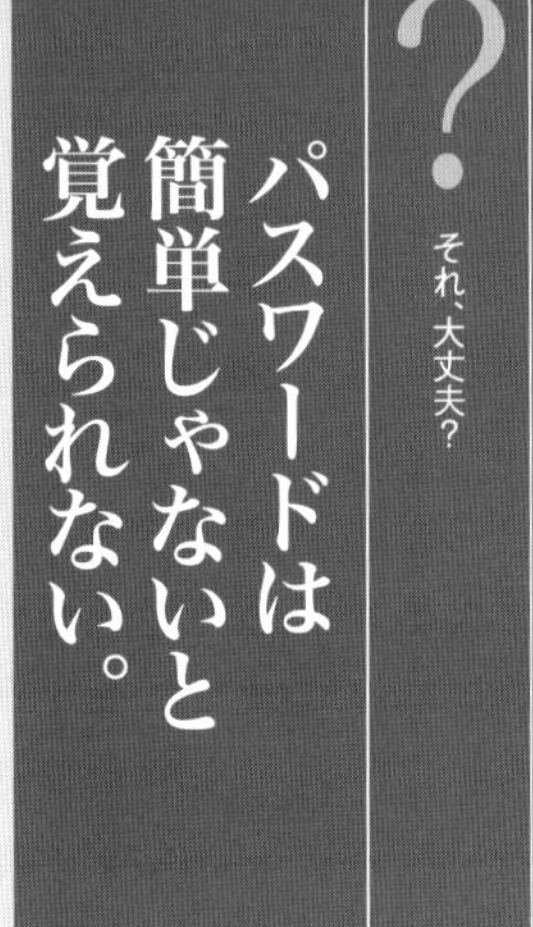

それ、大丈夫？
パスワードは簡単じゃないと覚えられない。

安易なパスワード

ネットでは何をするにもパスワードが必要だ。フェイスブック、LINE、ツイッター、インスタグラム、Google、YAHOO!、amazon、ショッピング、ピザのデリバリー、宅配のネット注文、学校・職場でのサインインなど、あなたはログインす

るときにはどんなパスワードを使っているだろうか？

また、スマホやパソコンを起動するときや、銀行キャッシュカードやクレジットカードを利用する際にも、暗証番号が必要だ。私たちの生活はパスワードだらけ。「たくさんのパスワードがあって面倒だ」「覚えやすいパスワードにしたい」「同じパスワードを使い回したい」と思うのは当然のことだろう。「忘れないように」と誕生日や電話番号、住所の番地を使う人は多いようだが、これはまずい。悪人に推測されてしまう。また、短いパスワードも危ない。人海戦術で、手当たり次第にパスワード入力を試す犯罪グループが存在する。破られるのは時間の問題だ。大文字の英字、小文字の英字、数字、記号を織り交ぜた8桁のパスワードが理想といわれている。

自分のパスワードが本当に安全なのかを確かめてみよう。「How secure is my password?（私のパスワードはどのくらい安全？）」というサイトがある。このサイトでパスワードの強度を調べることができる。パスワードを設定するときに、事前に強度を確認するとよい。例えば、英数字（大文字、小文字）8桁で作ったパスワードの場合、15時間で解析されるという結果が出た。ところが8桁ともなると暗記は難しい。覚えることをやめて、手帳にメモする方法がよさそうだ。

推測されないパスワードにする。覚えられなくてもよい。

3

それ、大丈夫？

パスワードを使い回せば覚える必要ない。

パスワード使い回し

　パスワードを破る方法のひとつにパスワードリスト攻撃というものがある。これは何らかの形で流出したユーザーＩＤ（メールアドレス）とパスワードのセットを、別のサービスで入力して、ログインを試す方法である。パスワードリスト攻撃は、リ

トップ10

最も多くの人が使っているパスワード

1. 123456
2. password
3. 12345678
4. qwerty
5. 12345
6. 123456789
7. football
8. 1234
9. 1234567
10. baseball

出所：Announcing Our Worst Passwords of 2015、SplashData, Inc.

スト型攻撃、アカウントリスト攻撃ともいう。

例えば、ツイッターのパスワードをフェイスブックやインスタグラムで試すという具合だ。もしも、利用者が同じパスワードを使い回していれば、この方法で破られる。ネットの利用者はいくつものパスワードを覚えるのが面倒で、同じパスワードを他のサービスでも使う傾向があるからだ。

セキュリティの専門家は、「サービスごとにパスワードを変えろ」という。さらに、「定期的にパスワードを変更しろ」ともいう。その助言は正論だ。でも、利用者を困らせる。いくつものパスワードをどうやって管理すればいいのか。本人でさえ覚えきれなくなる。

そこで、こんな管理方法が紹介されたことがある。10桁以上の英数字でパスワードの基本形を作り、ログイン先に合わせて末尾に2文字を追加する。例えば、ｆｂ（フェイスブック用）、ｔｗ（ツイッター用）、ｉｎ（インスタグラム用）という具合だ。この2文字は末尾でなく、先頭でもよい。この方法ならば、ＳＮＳごとに異なるパスワードになる。

でも、気がついたと思うが、この工夫は本人が覚えやすい半面、他人にも見破られやすいという欠点がある。覚えやすくすればするほど、推測されやすくもなるのだ。

Point

パスワードはそれぞれ変える。暗記をあきらめよう。

4

それ、大丈夫?

電車内でSNS。移動時間も楽しく過ごせる。

ショルダーハッキング

電車に乗ると、いかにスマホが普及しているかがよくわかる。子どもから大人まで、座席の人も立っている人も、ほとんどの人がスマホの小さな画面に見入っている。読書をしている人がいたら、逆に珍しいくらいだ。

座席でのＳＮＳならばいいけれど、立っているときのスマホ利用には気をつけよう。特に、男性よりも平均的に身長が低い女性の場合は、背後から肩越しにスマホの画面が見えている。肩越しに画面を盗み見することを、ショルダーハッキングという。通常はキーボードに入力する手の動きを背後から盗み見る手口のことで、ショルダーハックともいう。

スマホの画面は、携帯電話よりも明るくて大きいので、他の人からは想像以上にとてもよく見えている。ゲーム画面も写真画像も、ＬＩＮＥでやり取りしている会話も、後ろから丸見えだ。朝から友人とのやり取りを見られているのだから、電車内ではプライバシーも何もあったものじゃない。

特に危険だと思われるのは、パスコードを入力する指の動きも見えていること。本人は知られないように素早く入力しているつもりでも、指の動きがすっかり見えている。ジェスチャー入力の場合は、軌跡パターンが映像として目の中に残る。

もしも、あなたの背後のおじさんが赤面していたのなら、きっとＳＮＳでの個人的な会話が見えてしまったからだろう。混んでいる電車の中では隣の人との距離が近い。スマホの使用を控えるようにしよう。

Point

！

肩越しに画面を見られている。メッセージもパスコードも。

5

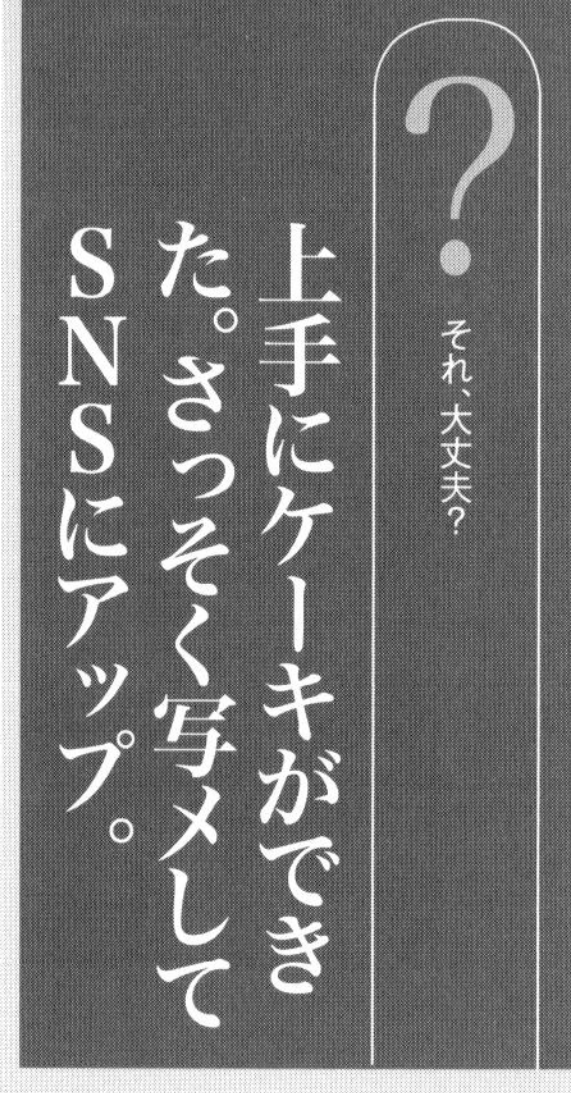

それ、大丈夫？

上手にケーキができた。さっそく写メしてSNSにアップ。

位置情報付き写真

手作りケーキが上手にできた。これは写メしないではいられない。SNSにアップしないではいられない。「いいね」がたくさんついた。「おいしそう」「食べたい」といううれしいコメントもいっぱいもらった。

SNSの反応のよさに、「がんば

って作ったかいがあった！」などと喜ぶ前に、写真の位置情報の設定を確認しよう。もしも、位置情報付きでアップしていたら、自宅の場所を全国に公開していることになる。

位置情報サービスをＯＮにしたままで撮った写真には、撮影場所の緯度・経度のデータが付加されている。これをジオタグという。ＧＰＳが使われていて、ピンポイントで正確に自宅を特定できる。

アプリの地図案内を使ったことはないだろうか？　ポケモンＧＯで遊んだことはないだろうか？　これらのアプリを使うときには、位置情報サービスをＯＮにしたはず。その後、ＯＦＦに戻していなければ、撮った写真に位置情報が付加されている。その写真をネットに投稿すると、全国に自宅の場所を教えていることになるのである。

ネットの投稿だけでなく、ＬＩＮＥで見せてもメール添付で送っても同様だ。試しに画像ファイルを右クリックして、「プロパティ」を見てみるとよい。緯度・経度がしっかりと記録されていることがわかるだろう。この位置情報を使って誰でも簡単に場所の特定ができるのだ。もちろん、あなたにお近づきになりたいと思っている人も、元カレも、あなたの自宅を知ることができる。

位置情報サービスは利用するときだけＯＮにして、利用が終わったらＯＦＦに戻す習慣をつけよう。

Point

位置情報サービスをＯＮにしていたら、自宅がわかってしまう。

6

それ、大丈夫？

記載されていた詳細へのリンクをクリックしてみる。

リンク付きメッセージ

ＳＮＳで見知らぬ人からメッセージが来たら、内容がどうであれ、身構えるべし。その中にリンク先が載っていたら、さらに警戒した方がいい。それは毒入りリンゴかもしれない。

そのリンクをうかつにクリックし

このリンク先、絶対やばいー！
うっかり開いてしまった…

たら、何が起きるかわからない。間違って踏んだら爆発する地雷のようなものである。

敵も何とかしてクリックさせようと悪知恵を絞っている。知りたくなる話題を持ち出して、詳しい情報はこちらと案内して、リンクを載せる。その話題は、格安販売だったり、金儲けだったり、ダイエット方法だったり、コスメ情報だったり、はたまた、わいせつ画像・動画の場合もある。興味をかきたてる話題でサイトに誘導しようとする。メッセージは何もなく、リンク先アドレスだけが書かれていることもある。「これは何だろう?」と確かめようとしてクリックすることを期待しているのだ。

ネットには危険なサイトが山ほどある。それらのサイトにアクセスさせようとする手口のひとつが、リンク先を送り付けるという方法なのだ。リンク先をクリックすることを「リンクを踏む」というが、それは地雷かもしれない。安易にクリックすると、危険なサイトにつながる恐れがある。

困ったことに、リンク先のアドレスを見ただけでは、リンク先が安全か危険かの判断は難しい。危ないリンク先ほど、安全なフリをしているからタチが悪い。アクセスした先が詐欺サイトだったり、ウイルスを送り込むサイトだったりする。また怖いことに、銀行口座情報を盗むフィッシングサイトや、ログイン情報を盗む偽ログインのページの場合もある。怪しいリンクは無視するに限る。

Point

危険なサイトにつながることがある。うかつなクリックはやめよう。

7

それ、大丈夫？

システム更新らしい。パスワードを再登録しなければ。

ログイン再登録

ＳＮＳの運営会社を名乗るメールが届く。「『アカウント確認のお願い』って何だろう？」と思いながら、メールに記載されているホームページアドレスをクリックすると、案内画面が出る。「システムを更新したので、改めてログイン情報を登録し

アカウントの確認をお願い！
パスワードの変更手続きを！
手続きしなきゃ！

てください」という。「登録がなければ今のSNSが使えなくなり、インストールからやり直しになります」とある。「使えなくなっては大変！」と、ログインIDとパスワードを入力してしまう……。実はこれはアカウント情報を盗み取る手口なのだ。

また、パスワード変更を促すメールの場合もある。「3カ月以上パスワードが変更されていないので、セキュリティ上変更の手続きをしてください」というメールが来る。リンク先をクリックすると、パスワードの変更画面が出る。現在のパスワードを入力して、新しいパスワードも入力する。もちろん、これはニセの変更画面なので、現在のパスワードを教えてしまったことになる。

SNSの運営会社を名乗るニセのメールが来るのは、そもそもあなたのメールアドレスを知られてしまっているからだ。「メールアドレスが漏れたとしても実害はない」「迷惑メールが来たら消せばいい」は能天気だとわかるだろう。このようなネット詐欺は、メールアドレスを足がかりにして、詐欺サイトに誘導するメッセージを送り付けるのである。その結果、あなたのログイン情報が盗まれて、あなたになりすましてメッセージが発信される。確かにあなたには実害がないかもしれない。しかし、あなたからのメッセージだと信じた友人たちが被害にあうのだ。

Point

「システムが変わります」に要注意。詐欺かもしれない。

8

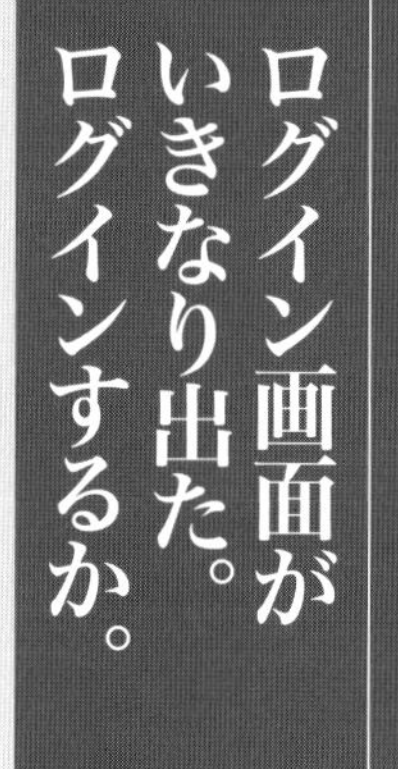

それ、大丈夫？

ログイン画面がいきなり出た。ログインするか。

偽のログイン画面

SNSを使うときにはログインIDとパスワードを入力する。これはいつものお決まりのルーチンだ。でも、もしも、入力している画面がニセのログイン画面だとしたら怖い話だ。ニセの画面に入力したログインIDとパスワードは盗まれてしまう。

ネットに障害が起きたかのように見せかけるメッセージが出て、再ログインを促すニセ画面が表示されるというトリックがある。そこで再ログインのつもりで、パスワードを入力すると盗まれる。

また、こんな手口もある。「君の写真がここに載っているよ。大丈夫なの？」と親切に教えるメッセージが来る。実は親切に教えるフリをした悪意のメッセージなのだ。確かめようとしてメッセージに書かれたリンクをクリックすると、まんまとニセのログイン画面に誘導される。ログイン画面での入力はいつものことだから、疑いなく入力してしまう。そこで入力したアカウント情報が盗まれる。

アカウントを盗み取った相手は、あなたになりすましてＳＮＳを使えるようになる。すると最初にやることは、パスワードの変更だ。変更されてしまうと、あなたのアカウントなのに、あなたは使えなくなる。そして、あなたになりすまして、詐欺サイトのリンク先を友人たちに送り始める。スパムアプリを配布することもできる。あなたになりすまして友人に電子マネーを買わせることもできる。

人のパスワードを入手して悪用しようとしている者は、悪知恵を働かせて、あの手この手で入力させようとするのである。正規のログイン画面とそっくりのニセ画面を作ることも簡単にできる。変なタイミングでログイン画面が表示されたら、その画面をいったん終了させよう。

Point

不意に表示されるログイン画面はニセ物かも。いったん終了させよう。

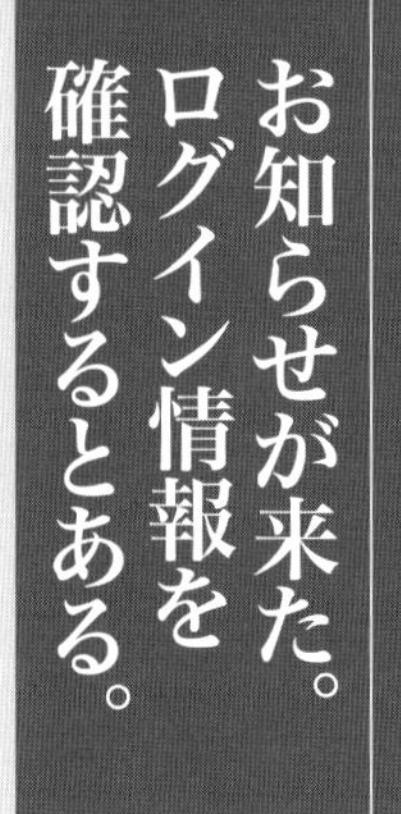

それ、大丈夫？

お知らせが来た。ログイン情報を確認するとある。

ニセのお知らせ

ツイッターやフェイスブックなどSNSの運営会社を騙(かた)ったお知らせメールも油断できない。「重要なお知らせですから、必ず確認してください」とリンク先が書かれている。指定されたホームページにアクセスすると、「お知らせの内容を見るに

お知らせを見るために
ログインしてください
http: ○○○
気をつけて！

はログイン情報の入力が必要です」と表示される。

これもアカウント情報を盗み取ろうとする手口のひとつだ。リンク先のホームページアドレスを見ただけではニセ物かどうか判別しにくいかもしれないが、アカウント情報を入力する画面のアドレスの最初が「https:」ではなく「http:」となっている場合は、疑った方がよい。こんなページでログインIDとパスワードを入力すると盗み取られることになる。そして、アカウントが乗っ取られる。

カルペルスキーの調査[注1]によると「フィッシングサイトの35%がSNSサイトを装っており、フィッシング事案の22%は、フェイスブックを装っている」と報告している。フェイスブックからのお知らせメールには、特に注意が必要ということだ。ログイン情報を盗まれると、今度はあなたになりすましてメッセージが発信されてしまうので、被害を受けるのは、あなたの友人なのである。

どんな悪事を働くのかというと、あなたになりすまして、あなたの友人に詐欺サイトを紹介するフェイスブックメッセージが送られる。「レイバン」「PRADA」「UGG」などの人気ブランドの偽通販サイトに誘導される被害が出ている。もしも、友人からフェイスブックに同様なメッセージが来たら、友人のアカウントが乗っ取られているのかもしれない。注意しよう。

Point

！

ｈｔｔｐ：のアドレスに気をつけよう。ニセ物の可能性がある。

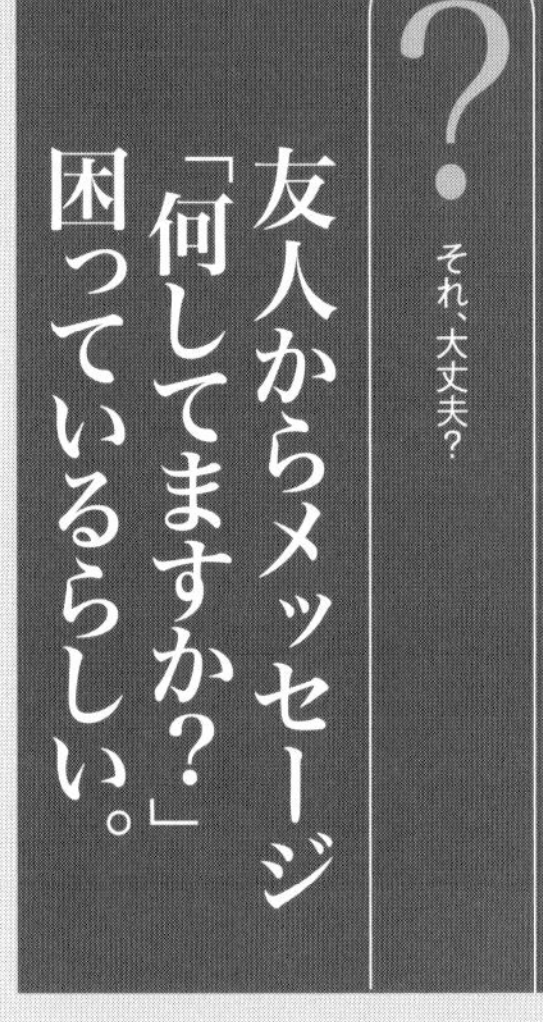

それ、大丈夫？

友人からメッセージ「何してますか？」困っているらしい。

LINE乗っ取り

「今、何していますか？」「忙しいですか？」「手伝ってもらってもいいですか？」これは、LINE乗っ取り犯が送る代表的なメッセージである。見ず知らずの人からのメッセージであれば警戒するだろう。でも、これは友人から送られてくるのであ

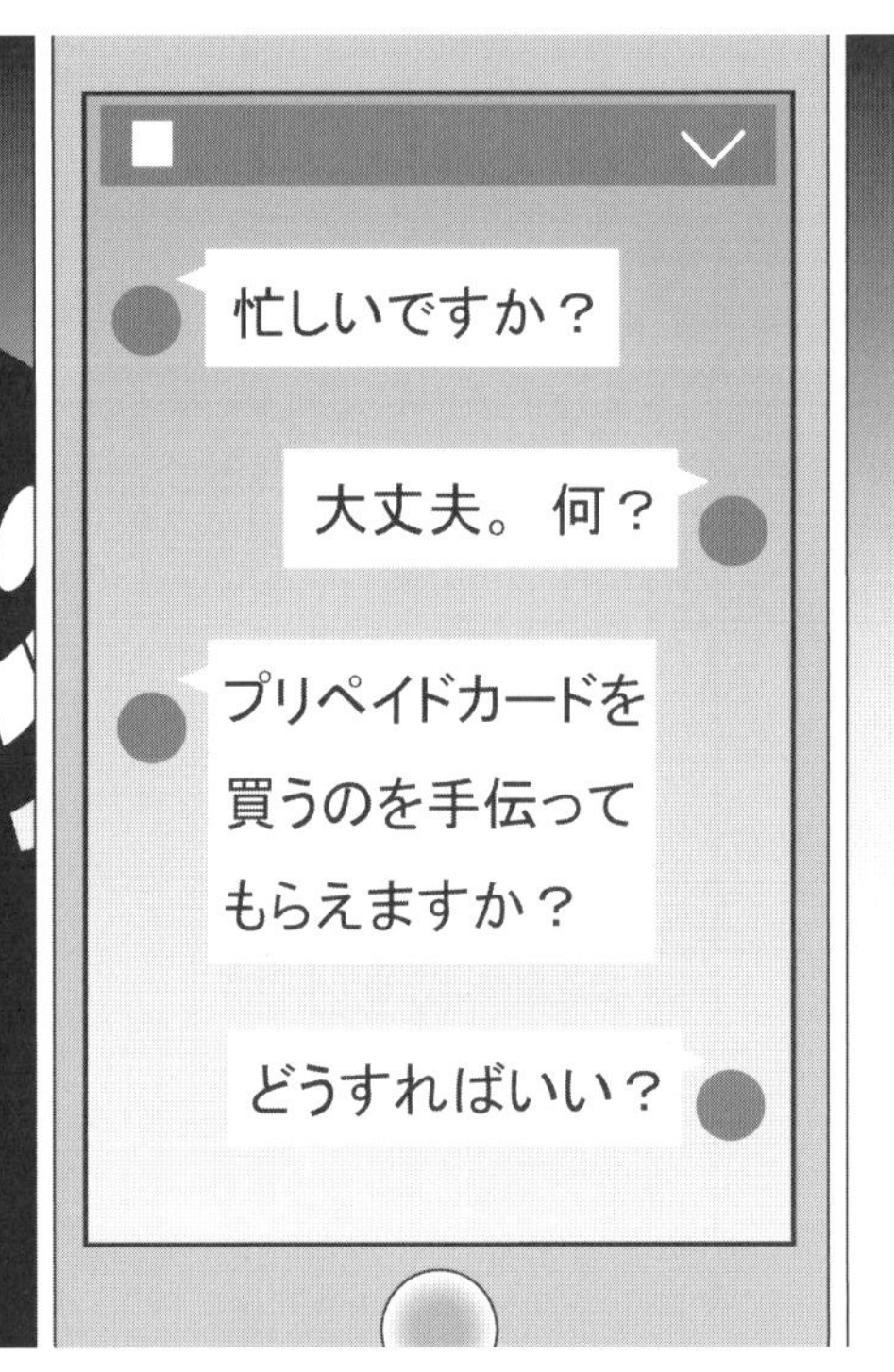

忙しいですか？
大丈夫。何？
プリペイドカードを買うのを手伝ってもらえますか？
どうすればいい？

る。まんまとダマされた人も多い。[注2] 送っている友人はＬＩＮＥを乗っ取られた被害者なのである。犯人は友人のアカウントを手に入れて、友人になりすまして不正にログインしているのだ。

返信すると「近くのコンビニエンスストアでWebMoneyのプリペイドカードを買うのを手伝ってもらえますか？」とお願いされる。要求されるものはWebMoneyのプリペイドカード以外にも、iTunesのプリペイドカードだったりもする。

コンビニなどで販売しているWebMoneyやiTunes Cardを購入させ、写真に撮って送らせる。そのプリペイド番号を使って、現金化するという手口である。

ＬＩＮＥが２０１４年7月17日からＰＩＮコードを導入して以後、この手のなりすまし被害が大幅に減った。しかし、まだ乗っ取られたという報告がされている。対策としては数字４ケタのＰＩＮコードを必ず設定することである。単純な数字、電話番号、誕生日など、推測されやすいものはＮＧだ。そして、ＰＩＮコードを他人に教えてはいけない。

友人からのメッセージでも、本当に本人からのメッセージであるかどうかは、わからない。それがネットの怖さだ。お金に関わる変なメッセージが来たら、本人に電話やメールで確認した方がよい。

Point !

なりすましかもしれない。電話かメールで確かめよう。

11

それ、大丈夫？

友達なんだから認証番号でも何でも話せる。

新LINE乗っ取り

ＬＩＮＥ乗っ取りの被害を防ぐために、２０１４年７月からＰＩＮコード[注3]の設定が導入された。このＰＩＮコード設定により、ＬＩＮＥ乗っ取りの被害は、沈静化したように見える。

ところが、今度は、友人や知人に

「携帯番号教えて」
「LINE の確認メッセージを認証して！」
友達だよ～
ニセモノ

なりすまし、電話番号やＬＩＮＥから届く４桁のＳＭＳ認証番号を聞き出して、悪用するトラブルが報告されている。

このＳＭＳで届く４桁の認証番号は重要である。悪用して新しいＬＩＮＥアカウントを作ったり、別のＬＩＮＥアカウントにログインしたりすることができるようになる。つまり、あなたになりすまして、あなたの友人たちにＬＩＮＥメッセージを送れるようになるのだ。一方、あなたが今まで使っていたＬＩＮＥアカウントは使えなくなる。

やり取りしている相手が知り合いなので気を許してしまい、会話の中でＳＮＳの設定情報を教えてしまう、という被害が発生している。ところが、知り合いだと思っていた相手はなりすましで、実は別人なのである。設定情報を教えてしまうと、なりすまし犯は、今度はあなたになりすまして関係者にメッセージを送る。

そして従来のＬＩＮＥ乗っ取りと同じ方法で、電子マネーなどを買わせて、詐欺を働くという具合だ。ＳＮＳでの会話は、相手の顔が見えない。常になりすましの危険がつきまとう。大切な情報は、直接、電話、メールで扱った方がよさそうである。

Point

認証番号やパスワードを教えない。相手はなりすましかも。

12

それ、大丈夫？

美女から友達申請。これも出会いだ。偶然に感謝する。

美女からの友達申請

会ったこともない人から突然SNSにメッセージが入る。ネットでは誰もがつながっているので、知らない人から友達リクエストが来るというのは、よくあることである。

送り主のプロフィール写真を見ると、絶世の美女であったりする。

「これって、ナンパ!? こんな人と知り合いになれるなら、ナンパでもOK! これも出会いのひとつだよね!」

なんて鼻の下を伸ばして承認したら、痛い目にあう。「もしかしたら、いいことあるかも!」という下心に付け込まれて被害にあうのだ。

SNSでは、あちらでもこちらでも、美男美女の写真付きスパムアカウントが作成されている。プロフィール写真は、もちろん、本人である保証はないし、性別ですら怪しい。このような友達申請を承認すると、個人情報を悪用されたり、悪質な出会い系サイトへの登録を促されたりする。

また、デート商法では、高額な商品を買わされたり、ローンを組まされることもある。そして、霊感商法では、ツボや開運グッズを買わされる。下心で友達申請を承認する者は、カモネギなのである。

Web上での調査[注4]によると、SNS利用者の約8割が何らかのトラブルを実感している。最も多かったトラブルは、57・11%が「知らない人から友達の申請が届いた」である。

「相手が見ず知らずの人であっても、美女であれば友達になりたい!」

というスケベ心は、背中にネギを背負ったカモを作るのだ。

Point

承認するのは知ってる人だけ。個人情報収集が目的の申請もある。

13

それ、大丈夫？

芸能人から連絡あり。話し相手になってほしいという。

芸能人を装うメッセージ

　かわいいアイドル、イケメンの俳優、あなたが好きな芸能人や憧れの有名人は誰ですか？　もしも、その人と会話ができたら、とてもハッピーなはず。直接メッセージのやり取りができるなんて、夢のような話だ。その通り、そんなことは夢でしかな

ニャンさんと話すと落ちつきます♥
実は…悩み事がありまして…
力になりますよ！！

い。それなのに、だまされる人はとても多い。

芸能人のマネージャーを騙るメッセージは詐欺と思うべし。「本人が悩んでいる」「たまたまネットであなたを見つけた」「興味を持っているようなので話し相手になってもらいたい」……。

AKB48を騙った事件では、約2千人がだまされて、総額2億円の被害が出ている（2013年4月）。あり得ないシチュエーションでも、憧れの人からのメッセージだと舞い上がってしまって、だまされる人が多い。詐欺師の悪知恵は、私たちよりも上なのである。詐欺師は、テレビ出演やコンサートのスケジュールを調べておいて、さも本人であるかのようにもっともらしくあなたと会話をするのだ。どうやって金を取るのか？　有料のメッセージ交換サイトに誘導するのである。「話し相手になってもらっているのだから、料金はこちらで持つ」「とりあえず立て替えておいてほしい」「料金は後で全額払う」というマネージャーの言葉にだまされて、メッセージ交換を続けてしまう。

お察しの通り、相手がドロンした後に残るのは、自分宛ての請求書である。だまされていたとはいえ、自分が使ったことは事実なので払わざるを得なくなる。夢から覚めて、「やっぱり夢だった」と気がついたときには、請求書しか残っていない。アイドルはTV画面で見るだけがよろしいようだ。

Point ！ 芸能人を騙る詐欺だと思え。あなた宛てに来るのは夢の中だけ。

14

それ、大丈夫？

フォロワーからダイレクトメッセージ。知り合いだから安全だ。

ダイレクトメッセージの罠

ツイッターのダイレクトメッセージ[注5]（DM）は、お互いにフォローしている者同士で会話ができるサービスだ。しかし、知っている者同士だから安全だとは限らない。

知り合いのフォロワーからのダイレクトメッセージを、頭から信じて

フォロワーからのDMがきた！
リンク先のパスワード入力…？
ん？
大丈夫？
知り合いだし…

はいけない。というのも、第三者が送っているなりすましDMということがあるからだ。本人が目の前にいない限り、ネットには常になりすましの危険がある。もしも、メッセージの内容がリンク先だけだったりしたら、なおさら怪しい。その人がどんなに信用できる人でも危ないのだ。

興味本位でクリックしたら、よからぬことが起きること請け合いだ。怪しいサイトに連れて行かれるだろう。例えば、表示されたログインボタンをクリックすると、アプリ認定画面にジャンプする。「○○があなたのアカウントを利用することを許可しますか？」と出る。知り合いからの紹介だから大丈夫と、「連携アプリを認証」で答えると、この危ないリンク先をフォロワーの皆さんに、同じくダイレクトメールで勝手に送ってしまうのである。

すると今度は、あなたがスパムアプリをばらまく発信源になってしまうのだ。もしも、やらかしてしまったら、すぐにフォロワーに知らせよう。「スパムアプリを認証してしまいました。私からのダイレクトメッセージのリンクを押さないでください」そして、すぐにアプリ認証を解除しよう。そもそも怪しいアプリを連携してはいけない。認証のための画面が出たら、借金の連帯保証人のハンコを押すときと同じくらい注意しよう。

Point
!
ダイレクトメッセージにもなりすましがある。

それ、大丈夫？

リンク付き投稿にあったリンクをクリックした。

クリックジャッキング

画面に表示されているボタンをクリックしているのに、実は別のサイトのボタンをクリックさせられているなんて、怖いこともある。

これがクリックジャッキング、つまりクリックの乗っ取りだ。

フェイスブック上で、身に覚えの

なぜ？
身に覚えがない…
クリックしたっけ？
何が起こっている？
乗っ取り？
ガーーン

ないアダルト動画を、自分がシェアしたことになっていたというケースもある。これもクリックジャッキングの仕業だ。拡散した後に、「変な動画をシェアしているぞ」と友人から教えられて、はじめて気がつくのである。

「もしかして、なりすまし?」

いや、あなたが確かにクリックしたのだ。これがクリックジャッキングの怖さである。

クリックジャッキングは、身に覚えのない「いいね」をクリックさせることができる。非公開にしていたプライバシー設定を、公開に変更させることもできる。SNSのサービスの退会処理をさせることもできる。本人には覚えのないことを、本人にクリックさせてやってしまうのである。

仕組みはこうだ。自分は画面に表示されているサイト上でクリックしているつもり。でも、実は画面上に見えているサイトだけでなく、巧妙な方法で別のサイトにもアクセスさせられている。透明化した悪意のページを、利用者が開くページの上に重ねて読み込ませているのである。

利用者は見えているボタンをクリックしていると思っても、実際にはその上にある透明化した別のページのボタンをクリックしているのだ。これも始まりはリンク付き投稿のクリックなのである。

Point

!

うかつにリンクのクリックは危ない。クリックを乗っ取られるかも。

16

それ、大丈夫？

面白そうなツイートだ。詳しい情報がリンク先にあるらしい。

ブラウザクラッシャー

「大津いじめ事件[注6]に新展開。加害者のリーダー格の少年が自殺。ネットでの行き過ぎた身元特定が原因か？」

こんなつぶやきがツイッター上に表れた。２０１２年7月24日のことである。そして、瞬く間にリツイー

ポップアップウインドウが
閉じない！なぜ！？
カチッ
チッ
カチッ
カチッ
カチッ
カチッ
カチッ
カチッ
カチッ

トされてネットで拡散した。

　この投稿を悪質なデマだと指摘する声も相次いだ。指摘によると、ツイートに張り付けられていたリンクをクリックすると、ポップアップウインドウを閉じることができなくなり、大音量のＢＧＭが鳴ると報告された。

　この手のものは、ブラウザクラッシャー（ブラクラ）と呼ばれている。金品をだまし取る詐欺ではないいたずら目的の愉快犯である。人を驚かせて喜んでいるのである。

　愉快犯は、とにかくクリックさせたい。そのために悪知恵を絞って、何とかクリックさせるようなネタを考える。そのひとつが加害少年の自殺というニュースだ。詳しいことを知ろうとしてリンクをクリックすると被害にあう。他にも思わず詳しい情報を知りたくなるような話題と共に、悪質サイトにつながるリンクを掲載したツイートもある。それらをスパムツイートという。

　愉快犯は人を驚かせたり、困らせたりして喜んでいる。金目当てではないものの、迷惑であることには変わりがない。また、もしもスパムツイートで配布したものがウイルスであれば、ウイルス作成罪で処罰されることにもなる。

Point

！

うかつにリンクのクリックは危ない。ブラウザクラッシャーかも。

17

それ、大丈夫？

日記代わりにSNS。個人情報を書かなきゃ大丈夫だよね？

ストーカーの餌

自分の日常をSNSに投稿している人は多い。その投稿を自宅の玄関ドアに貼り出せますか？　想像してほしい。ネットでは玄関ドア以上に多くの人が見ているのである。

「氏名や住所を書かなければ大丈夫」なんて思ってはいませんか？

…この看板は…！
○○駅のお店だ！
CAFE
ラブと近所を散歩

どうしてネットに自分の私生活をバラまくのだろうか？　それはストーカーに餌をまいている行為だと早く気がついてほしい。「駅前の店で美味しいランチ」「愛犬と散歩なう」「帰り道で見つけた絶景」……。そんな書き込みは、「私はここよ！　早く見つけて！」と言っているようなものだ。しかも、自分の写真まで添えている。「個人情報さえ書かなければ大丈夫」だと思っていないだろうか。

ＳＮＳに投稿された写真は、多くのことを語っている。電柱には住所が表示されている。また、電柱の上の方には固有の記号・番号が書かれている。自動販売機の前面には住所が表示されている。マンホールのデザインには地域性がある。店舗が写っていれば、店舗の住所が簡単にわかる。特徴的な建物もストリートビューで見つかるだろう……。ストーカーは執念の調査力で場所を特定してしまう。日常を投稿するということは、自分の行動範囲や居場所を知らせることにほかならない。

実際に２０１９年10月には、二十代の女性が瞳に映った風景で利用している駅を知られてしまい、住んでいるマンションを突き止められた。その結果、わいせつ行為の被害者になるという事件が起きている。この女性は、部屋で撮影した動画も公開していた。その動画の、カーテンの柄や、日の差し込み具合からマンションの部屋まで特定されている。ストーカーの執念は、まるで探偵のようだ。

Point !

ＳＮＳに投稿された私生活はストーカーには美味しい餌になる。

18

それ、大丈夫？

みんな自撮り写真を投稿している。私も投稿しなくちゃ！

悪用される写真

脱いだことのない女性タレントのヌード写真が、ネット上にある。「清純派だったのに、いつの間に！」と早合点しちゃいけない。編集して作られたフェイク画像だ。

ネットに投稿された写真で、ヌード写真を作ることができる。パソコ

ンに保存できるからだ。パソコンに取り込めば、どんなふうにでも編集できてしまう。

画像編集のアプリの性能はヤバい。着衣姿、つまり洋服を着た姿の写真さえあれば、簡単にヌード写真を作れる。合成ではなく、作り上げてしまうのだ。そうやってヌードにされてネット上にさらされる。写真が悪用されるのは、タレントだけではない。一般人も写真を掲載することで悪用される場合がある。例えば、キャバクラの写真に使われたり、出会い系サイトのおとり写真に使われたり、セフレ（セックスフレンド）募集の写真に使われたりする。変質者や愛好家が集う掲示板でさらされると、あっという間にヌード写真に加工されて、ネット上に掲載されるだろう。ネットに自分の写真を掲載するということは、悪人たちに「どうぞ悪用してください」と差し出しているのと同じなのだ。

大人による投稿は自己責任といえるかもしれないが、子どもが被害に遭ったときには、すべての責任を子どもに負わせることはできない。教育機関で写真投稿の危険性をしっかりと教えるべきだろう。

自分だけが写っている写真を悪用されたならば、自分が被害者になる。しかし、あなたが掲載した友達の写真が悪用されたならば、掲載したあなたが加害者になる。

「みんながやっているから大丈夫！」ではない。みんなも危ないし、あなたも危ないのだ。

Point

！

みんなも危ない。あなたも危ない。

column コラム 3

やたらと拡散希望

「拡散希望を連発する人は面倒臭い人」だと思われている。本当に人に教えたくなるようなものならば、押し売りしなくても自然に拡散するものだ。必要以上に拡散を希望するとウザい人になるのである。

商品でも「買え！ 買え！」と言われたら、買いたい気持ちが冷めるというもの。これと同じことだ。ＳＮＳでも「シェア！ シェア！」とシェアの連発も、「おススメの押し売り」となって人をうんざりさせる。

ＳＮＳを流れる情報の中でも、シェアやリツイートをして拡散させてはいけない情報がある。

それは、行方不明の人を捜す「人捜し」の投稿である。「困っている人がいるから助けてあげて」なんて拡散の手伝いをして本当に大丈夫ですか？

捜されている人は、虐待から逃げた子どもかもしれない。ＤＶから逃れた女性なのかもしれない。

うかつに「○○で見かけた」という情報提供をすると、被害者を生み出してしまう恐れがある。

人捜しは警察に任せなさい。

「人捜し」投稿は、人助けをしようとする親切心につけ込んだ悪事と言えるかもしれない。

【第4章】

ウソがバレるとき

1

それ、大丈夫？

スマホはパスコードで守られている。勝手に見られない。

気休めのパスコード

「スマホにはパスコードを設定してある。だから、勝手にＳＮＳを見られることはない。万一、落としても大丈夫。盗まれても大丈夫！」

とタカをくるのは能天気すぎる。

実は、パスコードは気休めでしかない。そんなものは、やがて破られる。

破られるまでの時間稼ぎでしかないと思った方がよい。

パスコードを破る方法はいくつかある。代表的な方法は、ベビーパウダー作戦だ。

夜のうちに相手のスマホの画面をきれいに拭いておく。あなたはきれい好きの優しい人に見える。相手は朝イチでスマホをチェックして、トイレに行くだろう。その隙にスマホ画面にベビーパウダーを振って、触った場所をチェックするのだ。あとは触った箇所の数字キーを、順番を変えて何度かトライすればよろしい。

事前にショルダーハッキングをしておけば、パスコードを破るまでの時間を短縮できる。ショルダーハッキングとは、肩越しに操作を盗み見る方法である。指の動きを確認しておけば、数字キーを触れる順番が絞られるのである。

また、バックアップソフト作戦もある。スマホのデータをバックアップするソフトの中には、パスコードの解析機能を持ったものがいくつかある。これらのソフトは、携帯電話のデータのバックアップを取ったり、データを移行したりするためのソフトであり、パスワードのロック解除を目的としたソフトではないのだが、実際はロックを解除することができるのである。

Point

パスコードは破られる。時間稼ぎでしかない。

2

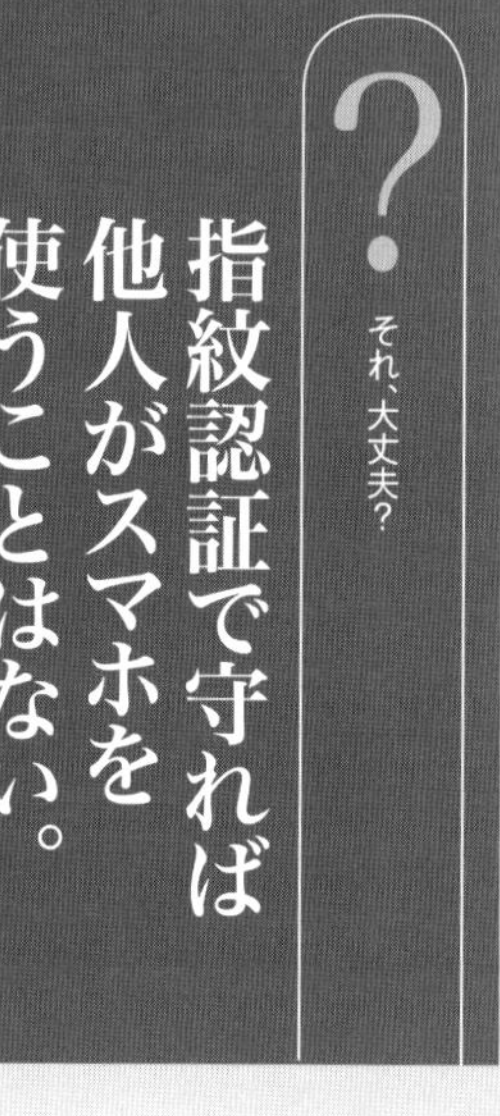

それ、大丈夫？

指紋認証で守れば他人がスマホを使うことはない。

無力な指紋認証

タレントのベッキーのゲス不倫事件は、ＬＩＮＥ利用者を震え上がらせた。ＬＩＮＥでのメッセージのやり取りが流出したのだ。

タブレット端末でのクローンの存在が疑われたり、無線ＬＡＮの傍受の可能性が指摘されたものの、結局、

真相は明らかになっていない。流出した内容は本物だったということをベッキー本人が認めている。いったん流出が発覚した後でも、再びメッセージが流出していることも不可解である。

スマホには指紋認証の機能がある。「指紋認証を使えば、他人が使えるはずがない」と安心するのは早合点だ。実は、スマホの指紋認証はあっさりと破られる。例えば、本人が寝ている間に指を拝借して認証すれば、本人の指紋なので問題なくスマホの操作が可能になる。その際についでに自分の指紋を追加登録してしまえば、次回からは自分の指で解除することができる。酔っぱらって帰宅したお父さんが被害にあうこともあるので、うっかりと居眠りもできない。

指紋認証は、案外いい加減なもの。セロハンテープ[注1]を使ったニセ指紋でも解除できる。試しに自分の指にセロハンテープを貼り、それを剥がして、スマホのセンサー部分に貼ってみるとよい。ピースサインの写真からも指紋が再生されるので、SNSに投稿する写真も危ない。

指紋は生体認証といわれ、一生変わることがない究極の個人情報である。パスワードと違い、流出したからといって、変更することはできない。指紋認証はこんなに危うい認証なのだ。守られていると過信してはいけない。

Point

指紋認証も破られる。絶対安全なガード策はない。

3

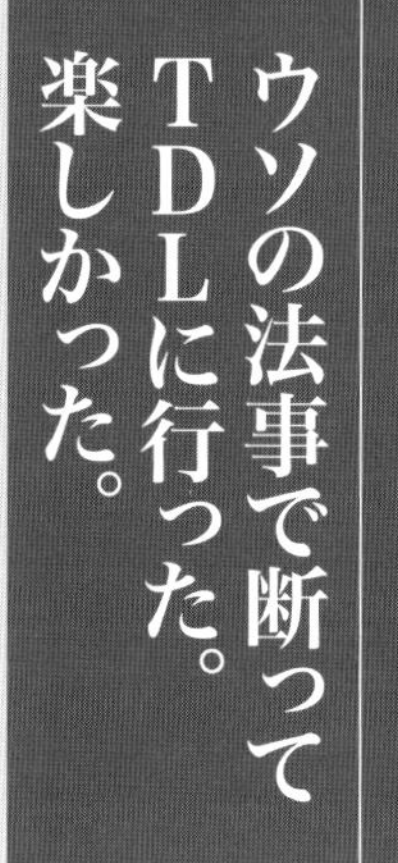
それ、大丈夫？

ウソの法事で断ってTDLに行った。楽しかった。

ウソの行き先

飲み会に誘われた。たまたまその日は別の人とカラオケに行く約束が入っていたので、飲み会の方を「その日は仕事があるから」と断った。これはちょっとしたウソだ。こんな日常のウソは、よくあることだろう。ところがカラオケで楽しく歌って

その日は仕事で。
法事で。
調子悪くて。
@usonoikisaki

いるところを、いつもの調子でＳＮＳに投稿してしまう。仕事をしているはずの日に、カラオケにいるのだからウソがバレバレだ。その結果、「仕事が終わってから行った」とか、二重のウソをつくハメになり、気まずい関係になる。

女子会に呼ばれた。でも、別のグループとディズニーランドに行く予定になっている。「ディズニーランドに行くから」とはいいにくいので、「法事があるから」と断った。これもちょっとしたウソだ。ディズニーランドでは写真を撮らないはずがない。ミッキーとのツーショットや、ご飯を食べながら友達と記念写真、どれも楽しい思い出だ。そして写真を撮ったら、投稿しないではいられない。たとえ自分が投稿しなくても、友人が投稿してしまう。

その結果、ウソをついて女子会を断ったことがバレて気まずい関係になる。

行き先でウソをついても、本当はどこに行っていたのか、何をしていたのか、本人のＳＮＳだけでなく、関係者のＳＮＳからもバレてしまうのである。

ＳＮＳを使えば使うほど、プライバシーがゆるゆるになって、ウソがバレやすくなる。プライバシーは守りにくくなると思った方がよさそうだ。

Point

ＳＮＳではプライバシーがゆるゆる。ウソがバレてしまうこともある。

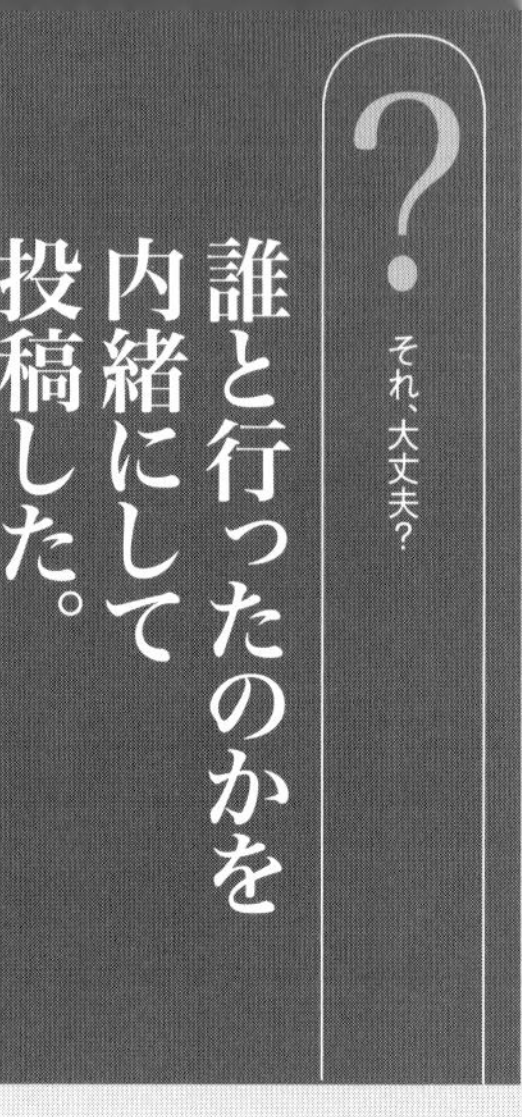

4

それ、大丈夫？

誰と行ったのかを内緒にして投稿した。

内緒なのにコメント

話題のお店でパンケーキを食べる。イチゴと生クリームでデコレーションされたパンケーキは、とてもおいしそうだ。これはインスタ映えする。気がついたら手にスマホを持っている。写真を投稿したくなるのは、SNSを利用している人の習性だ。テ

ーブル上のパンケーキだけを写真に収めて、リア充アピール。
誰と会ったのか、誰と行ったのか、誰と食べたのかを、知られたくない場合は、あえて書かない。それなのに、投稿した写真に一緒に行った人が、「あのパンケーキ、おいしかったね♡」とかコメントを書き込んだら、内緒にした意味がなくなってしまう。

このように誰といたのかバラすために、わざとコメントを書き込む確信犯もいる。二人の仲を公(おおやけ)にしようとしてコメントを入れるのだ。仲がよいことを暗に知らせるために、なれなれしいコメントを入れるという手も使われる。まさにSNSは、プライバシーを公開するのに格好の道具である。

これとは逆に、自分から知らせようとする人もいる。スポーツ観戦やテーマパーク、イベント、旅行など、明らかに一人で行くのは不自然な場所の写真を投稿し、「楽しかったです！」とシラッと投稿するのは、「誰と行ったの？」という突っ込みを誰かに入れてもらいたいのだろう。

自撮り棒を使った様子もないのに、本人が写っている写真は、明らかに誰かがシャッターを切っている。

それは誰なのかを聞いてほしいのである。

Point

コメントでバレることあり。不自然な投稿もみえみえ。

5

それ、大文夫?

ズル休みして旅行。自宅にいる体(てい)でいつものように投稿。

うっかりチェックイン投稿

自分の居場所をネットで公開するのは、「百害あって一利なし」だ。

自分がどこにいるのかはプライバシー情報である。自分の現在地を全国に知らせるメリットは何もない。

逆に、居場所をネットに記載するとトラブルを招く恐れがある。家族

「風邪で熱つらい…
…家で寝てる…」
ポチ
ポチ
ポチ

などの必要がある人にだけ知らせればいいはずなのに、よほどオープンな人が多いらしい。

チェックインはフェイスブックにある機能で、自分の位置情報を知らせることができる。だから、ウソの居場所を書くときには、チェックイン投稿をしちゃいけない。通院や法事を理由に会社や学校をズル休みしたのに、うっかりチェックイン投稿するとウソがバレたりする。

法事で仕事を休んだことになっているのに、場所がお台場になっていたら、「仏さまと遊びに行ったのか！」ということになる。通院で学校を休んだのに、場所が舞浜になっていたら、ディズニーランドにいることがバレバレである。SNSは「プライバシーばらまきツール」であることを忘れてはならない。

私生活での居場所はプライバシー情報だ。自分がどこにいるのか、また、どこにいたのかということを、見知らぬ人にまで公開する必要など、本当はないはずである。

身動きができない状況になり、近くに誰もいない。私はここにいる。誰か来てくれ！というような「人に助けを求める」緊急事態でこそ、自分の位置情報を使いたいものである。

Point

!

チェックイン投稿で居場所がバレる。プライバシーの公表もほどほどに。

6

それ、大丈夫？

親友と遊んでいることになっている。アリバイは完璧だ。

アリバイ崩壊

持つべきものは友達だ。アリバイ作りに協力してもらえてありがたい。隠しておきたい場所や言いたくない場所に行くときに、隠れ蓑になってもらえる。

「同期のA君と飲むことにしておいて、彼女には内緒で合コンに行く」

…うちの旦那は
A君と一緒じゃないのか！
A君「残業なう」
ムカッ

というふうに使われるが、そんな時にはA君としっかり口裏を合わせておかなければならない。

あなたがいくら気をつけていても、友達の投稿からバレることがあるからだ。

A君と飲んでいることになっているのに、A君が「旅行中」とか、「残業なう」などと投稿したら、あなたのアリバイは崩壊してしまう。

逆のケースもある。女子会と説明していたのに、フェイスブックのタグ付けに、男性の名前が入っていたら、男も同席していたことがバレる。

疑い深い人は、交友関係のSNSもチェックしていることを忘れてはならない。あなたの説明が本当なのかどうかを、友達のSNSで確かめるのである。友達リストのすべての人のSNSをチェックしたり、コメントや「いいね」している人の素性をことごとく調べ上げることもある。

SNSはプライバシーばらまきの道具である。自分がいくら気をつけていても、関係者の投稿からあなたのアリバイが崩されることもあるのだ。

ウソがバレやすいSNSを使い始めたのだから、やましいことや後ろめたいことは控えた方がよさそうだ。アリバイ工作はほどほどに。

Point !

友達が「なう」を使ってバレる。思わぬところからほころびが出る。

7

それ、大丈夫？

日記代わりにSNSを利用する。毎日何度も投稿。

マメなのに投稿しない日

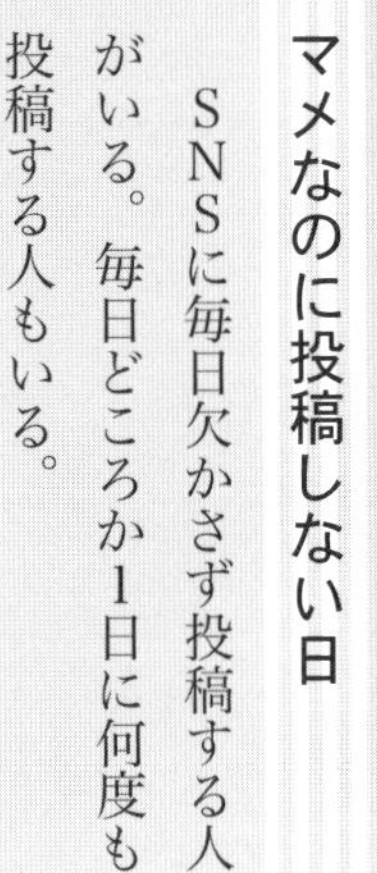

SNSに毎日欠かさず投稿する人がいる。毎日どころか1日に何度も投稿する人もいる。

「今日はここに来ています」「こんなものを食べました」「こんなことがありました」……。

まるで日記のようにSNSを利用

しているが、マメにＳＮＳで投稿している人は、ウソがバレやすい。投稿するはずなのに投稿しないのは、「何かある！」と疑われるからだ。友達と遊びに行ったのならば、当然、その時の様子を投稿するはずだ。

いつも感心するほどマメに投稿しているのに、何も発信しない日があると、ワケがあって投稿できなかったということである。ケガか？　病気か？　はたまたデートか？

その後、何事もなかったように投稿が再開された。ケガでもなく、病気で病院に行ったわけでもないのならば、ますます怪しい。もしも、その時間帯にＬＩＮＥに返信がなかったとしたら、明らかにＳＮＳ上での挙動不審だ。

こんなふうにマメに投稿している人ほど、怪しい時間帯が浮き彫りになってしまう。

そんな時は、「昨日は何をしていたの？」と何げなく聞いてみるとよい。ＳＮＳに投稿できないような、人には言えない状況だったに違いない。

マメに投稿する人ほど、プライバシーが裸になりやすくなる。

そしてウソがバレやすくなる。

Point !

投稿がない日は怪しい日だ。誰と何をしていたのだろうか。

8

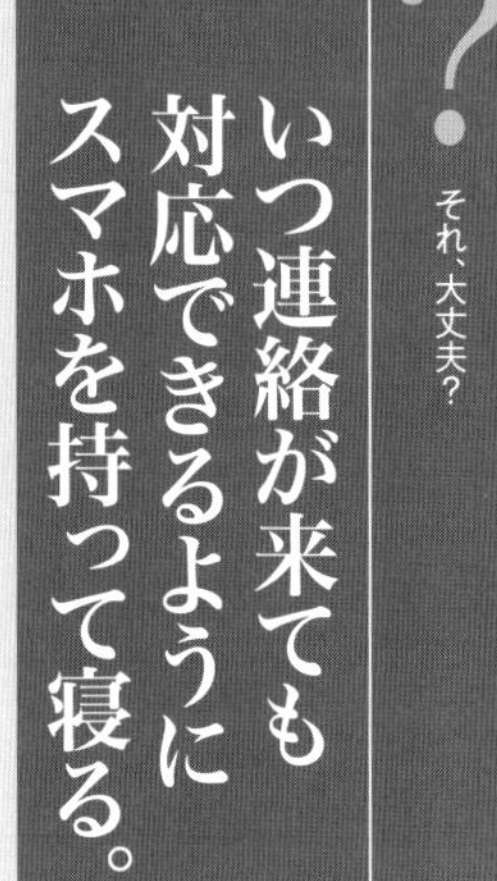

それ、大丈夫？

いつ連絡が来ても対応できるようにスマホを持って寝る。

スマホ握って就寝

スマホには誰と連絡をとったのか、どんな会話をしたのかという記録が残っている。プライバシーのかたまりだ。「浮気調査はスマホから」は調査会社のセオリーである。スマホの履歴を見れば、行動が丸わかりになるからだ。

電話、メール、ＬＩＮＥの履歴は、交友関係と行動をあからさまにして、動かぬ証拠になる。浮気相手からの連絡は、そのほとんどがＬＩＮＥメッセージで入る。だから、スマホを誰にも触ってほしくない。それでいて、家族がいるときの着信には出ない。こそこそと部屋を出て対応するようになる。また、したたかな浮気相手は、家族と楽しく過ごしているだろうというタイミングを狙って、電話の爆弾投下をすることもある。

「ちょっとコンビニに行ってくる」と言いながら、一人で外に出る回数が増えてきたら、これも怪しい兆候だ。電話をしたり、メッセージの返信をしている疑いがある。

寒い日であれば、戻ってきたときに耳を見るとよい。片耳だけ赤くなっていたら、さっきまで誰かと電話をしていた証拠である。

スマホの履歴を見られたくないので、トイレにも持ち込む。風呂にも持っていくし、寝るときにはスマホをどこかに隠すようになる。そして、さらにはスマホを持って寝るようになる。

「仕事の緊急連絡に対応するためだ」などと言い訳をするが、仕事よりも大切な浮気相手に対応するためでもあるのだ。

Point

寝る時まで離せなくなったら病気。自分の生活を見直しましょう。

9

？ それ、大丈夫？

最近、なんか怪しい。スマホで白黒をハッキリさせる。

スマホの盗み見

最近、彼の行動が怪しい。どうも態度がよそよそしい。一緒にいてもうわの空だ。その原因を知ろうとして、スマホの中を見てしまう。でも、人のスマホを無断で見るのはトラブルの因（もと）だ。

人の手紙を勝手に開封すると、「信

書開封罪」という犯罪になり、1年以下の懲役、または20万円以下の罰金になるが、人のスマホの履歴を無断で見る行為は、実は法律には違反していない。スマホの通信履歴やメール、LINEのメッセージは信書ではないからだ。従って、無断で見ても犯罪にはならない。信書開封罪は郵便を想定した犯罪なので、ネット社会に刑法が追いついていないのである。

ただし、「だから他人のスマホの中を勝手に見てもいいのか」というと、そうではない。法律に違反していなくても、モラルに反することはやってはいけない。社会的なルール、マナー、エチケットに反する行為、つまりモラル違反は、法律で定められていなくても、やってはいけないことなのだ。

人のスマホを勝手に見ることはおススメできない。もし、相手がシロだったとしても、一度、見てしまうと、後でまたチェックをしたくなる。また、勝手に見たことがわかれば、その後の関係はギクシャクしてしまい、あなたは信用をなくすことになる。

相手がクロだった場合は、それはそれで修羅場になるだろう。どっちに転んでも、いいことはない。

もし、あなたが他の人にスマホを見られることが心配ならば、他人が操作をしようとすると、写真を撮って記録するアプリや、スマホが動かされると記録が残るアプリを利用するとよい。

Point !
勝手に見るのはマナー違反。盗み見を発見するアプリもある。

10

それ、大丈夫？

彼女ができた。SNSを使えば、つながっていられる。

大切な人との連絡

恋愛関係にある人とSNSでつながろうと思ったら「本当にSNSを使うべきなのか」をよく考えてみよう。それは、イザコザやケンカを避けるためでもある。

連絡に便利だからとSNSでつながると、お互いのプライバシーが制

限されることになる。「お互いにウソをつかず、どんなことでも話せる仲でいよう！」と清い約束をしているのならば、あえて止めない。ただ、あなたが「友達といた」ことにしている日に、本当にその友達といたのかどうかを、友達のＳＮＳからチェックができることを忘れてはいけない。

すぐに返信がないとあらぬ心配の種が生まれたり、よからぬ勘繰りをしてしまったり、変な疑いをかけたりという、トラブルのもとになる。相手が大好きな人であれば、なおさら心配になったり、不安になったりする。

ただの友達の間柄ならばＳＮＳでよいだろう。しかし、恋愛関係の人とは、通常のメールでのやり取りの方が平和である。ＳＮＳでは、「既読スルーした」とか、「ログインしていたはずなのに返信がなかった」とか、「いつも『いいね』してくるこの人は誰？」とか、ロクなことにならない。

メラビアンの法則を知っているだろうか？　コミュニケーションの影響力を示した法則だ。視覚情報が55％、聴覚情報が38％を握っている。一方、言語情報は7％にすぎない。あいまいな表現をしたときの解釈には、視覚情報と聴覚情報が重要な役割を果たしているのである。

相手が好きな人ならば誤解が発生しないように、直接会って話をしよう。

Point !

返信を待てる間柄で使いましょう。余計なトラブルのもとになる。

11

それ、大丈夫？

友達との楽しい時間、SNSに投稿して思い出を共有しよう。

赤の他人にバラまく

SNSではプライバシーのオンパレードだ。自分が自分のプライバシーを掲載しないように気をつけていても、限界がある。あなたの友達が、あなたの努力にはお構いなく、SNSに投稿してしまうからだ。モラル意識の高い友達を持ちたいものだ。

フェイスブックのタグ付けはトラブルのもとだ。人物が写った写真をタグ付けで掲載してはいけない。タグ付けすると相手の名前部分がリンクになり、クリックすると相手のページに移動することができる。また、タグ付けされた写真は、相手のタイムラインでも表示される。つまり、タグ付けで掲載すると、友達登録されている人だけでなく、その人の友達にまで公開される。友達は、もちろん友達だけれど、友達の友達は赤の他人である。他人にまで写真をバラまく行為がタグ付けなのである。

タグ付けされた投稿を、自分のタイムラインに掲載するかどうかを毎回確認して、不要であれば掲載させないような設定もできる。ただし、自分のタイムラインへの掲載を拒否しても、タグ付けされた友達の投稿そのものは残る。やはり、基本は友人のプライバシーを投稿しないということだ。

「いつ、誰と、どこにいたのか」は、プライバシー情報だ。むやみに公開されると困る人もいる。疑い深い恋人は、パートナーの友達のＳＮＳもチェックして、パートナーの行動を監視している。同僚と飲んだことになっているのに、その同僚が残業していたらアリバイが崩れる。仕事があると断ったにもかかわらず、その日に別の友達グループと騒いでいる写真が公開されれば、ウソをついたことがバレて気まずくなる。人のプライバシーをＳＮＳに投稿することには慎重になろう。

Point !

「いつ、誰と、どこにいたのか」はプライバシー。友達が映った写真の投稿は慎重に。

column コラム 4

一言投稿

一言だけの投稿は、読む人を困らせる。

「これから食事です」「ひと休みなう」「コンビニに来ました」……という行動を報告する一言投稿には、「あ、そう」としかコメントのしようがないからだ。

単なる独り言が友人たちのタイムラインのスペースをムダに占有している。独り言ならば、ＳＮＳを使わずに自分一人でつぶやいていれば迷惑にならないのに、今どこにいるのかを知ってもらいたいらしい。

「カラオケ」が誕生したとき、「シャイで社交的になれない日本人が人前で歌うわけない」と言われた。ところが、カラオケは大ヒット！

「ブログ」が誕生したとき、「自分の日記を人に見せるためにネットに書き込むのはおかしい」と言われた。しかし、ブログはネットのサービスとして定着した。

そして、ＳＮＳ花盛りの今、今度はリアルタイムで自分の行動をＳＮＳで発信している。日本人もオープンで社交的になったものだと感心するが、逆にＳＮＳに自分の行動を記録として投稿していれば、万一、何かの事件の容疑者にされて、事情聴取を受けたときに、ＳＮＳへの投稿が自分のアリバイを証明して助けてくれる……なんてこともあるかもしれない。

【第5章】やっちまった大失敗

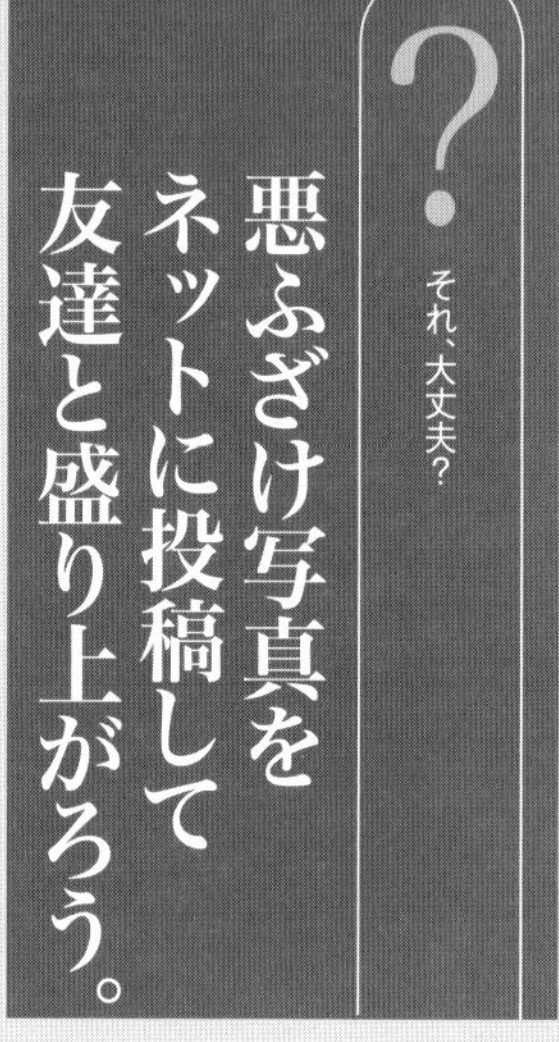

それ、大丈夫？

悪ふざけ写真をネットに投稿して友達と盛り上がろう。

バカッター

　他の人に見せる必要が全くない写真を、わざわざネットに投稿して一生を棒に振る残念な人たちがいる。

「このネタは、盛り上がること間違いない！　ネットに投稿したらウケるだろう！」と思うのは大間違い。

悪ふざけ、武勇伝や自慢話をいきが

って投稿すると、とんでもない大やけどをすることがある。

コンビニのアイスケースの中で寝そべった写真や、蕎麦屋の食洗機に頭を突っ込んだ写真は、やってしまった失敗投稿としてあまりにも有名である。この悪ふざけ写真が店に与えた損害は大きい。ツイッターでは炎上ツイートが多い。友達との内輪ウケのつもりで悪ふざけを投稿するからだ。ツイッターへの投稿は誰でも読める。それなのに不適切な投稿をして炎上させてしまう愚か者が、後を絶たない。そのため、ツイッターは別名バカッター、またはバカ発見器ともいわれる。飲酒運転や、無免許運転、高速道路に降りて自撮りした写真、線路に立ち入った写真、万引きした品物の写真、店の食材で遊ぶ写真、飲食店の箸（はし）を鼻に突っ込んだ写真……。SNSに投稿するときには、こう考えよう。

「その写真を自宅の玄関先に貼り出せますか？」

玄関前に貼り出せないようなものをネット上に公開すべきではない。玄関先よりもはるかに多い人がその投稿を目にするのである。いったん炎上したら、実名もあばかれる。公開範囲を友達に限定しているから大丈夫だって？　友達もネットワークを持っている。ネットで炎上した投稿の多くは、最初は公開範囲を限定したものなのである。

Point ! 炎上して問題になる。「人生オワタ」となることも。

2

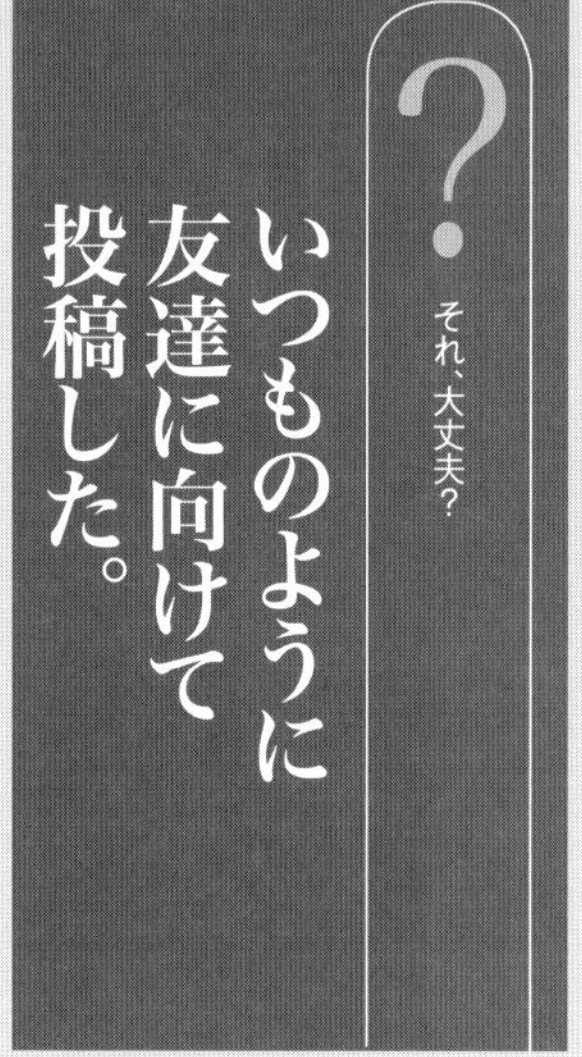

それ、大丈夫？

いつものように友達に向けて投稿した。

誤爆投稿

　宛先間違いの誤送信は、メールの時代からミスの定番である。送った後に「あっ」と思ったことや、自分が宛先間違いのメールを受け取った経験がある人は多いだろう。

　連絡手段がメールからＳＮＳになっても誤送信はなくならない。

中学生で
タバコ
ドヤッ
やばい！！
送信先を間違えた！

ＬＩＮＥで友人に悪口を送ったら、間違ってＬＩＮＥグループに送ってしまい、それから気まずい関係になったとか、彼氏に見せようとしたシャワー中の自撮り写真を、間違えて自分の父親に送ってしまい、父親が寮にやってきて大騒ぎになったという女子大生もいる。

ＳＮＳの中でもツイッターは誰でも読めるし、簡単に拡散するので、誤爆投稿すると影響が大きい。フォロワーが１００万人もいるマクドナルド公式ツイッターが、会社の愚痴を誤爆投稿したことがある。エイプリルフールのネタかと思われたが、担当者の送信ミスだということがわかり、笑えないオチになった。個人的なアカウントと間違えて、投稿してしまったのだろう。

日本の某テレビ局バンコク支局の男性支局長（40代）が、ＬＩＮＥのグループに自分の下半身の画像を投稿した事件もある。[注1] このＬＩＮＥのグループは、外国メディアの取材活動のため、タイ外務省が開設したものだった。支局長は当時酒を飲んでおり、知人女性に送ろうとした画像を誤って投稿してしまったという。テレビ局の広報部は事実であることを認め、「当社社員がこのような極めて不適切な行為をしたことは誠に遺憾であり、タイ外務省をはじめ関係の皆様に深くおわび申し上げます」「本人には猛省を促し、現在、謹慎させています」とコメントしている。

Point !

送り先を間違えたら大騒ぎになる。アカウントをよく確認しよう。

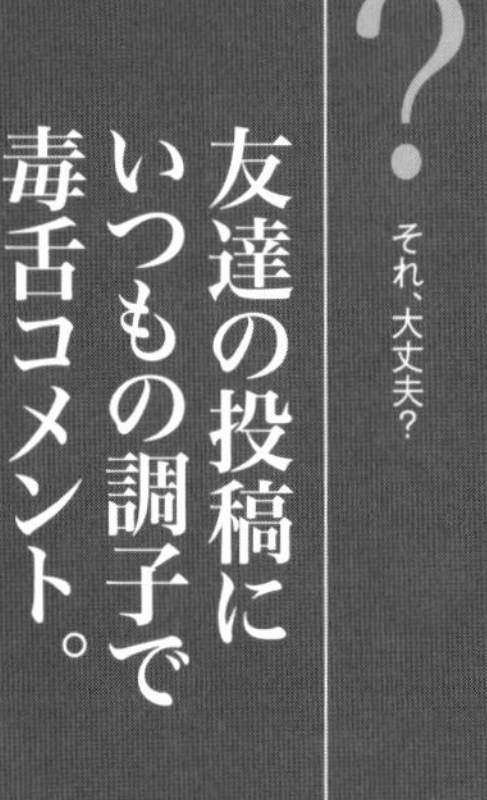

3

それ、大丈夫？

友達の投稿にいつもの調子で毒舌コメント。

お気軽コメント

テーブルにおいしそうな料理が並べられている。その傍らにワインボトルが見える。あとは食べるのみとなった食卓の写真を載せて「これから食事です！」と投稿した。これに友人たちから「いいね」がいくつもついた。よくあるＳＮＳ上の交流だ。

abcdefg
WINE
安いワインだから気軽に飲めるね
私があげたワインなのに！

その中にワイン通らしき人から「安いワインだから、気軽に飲めるね」とお気軽なコメントも寄せられた。これも気の置けない友達同士でのよくある会話だ。

ところが、このコメントが小さなトラブルを呼ぶ。写真に写っていたワインが知人からの贈り物だったからだ。贈った人にとっては安物のワインといわれて、面白いはずはない。「実は、いただきもののワインです」と追加のメッセージを入れたものの、このフォローによって、事情を知らなかった無関係の人たちの間にも、気まずい雰囲気が一気に広がってしまった。

お互いにけなし合ったり、ケチをつけ合ったりするほど仲のいい間柄の会話でも、SNSでは他の関係者も見ている。人の投稿に悪意のコメントを入れるイヤなヤツと映るだろう。

SNS上のコメントは文字で行われるので、声のトーンや顔の表情は伝わらない。SNSは言葉以外の情報（ノンバーバル情報）を切り捨てた会話だ。直接の会話に比べると、ニュアンスを伝えにくい。口は災いの因（もと）であり、口から出た言葉を広めてしまうSNSもまた災いの因だ。コメント欄でも、思わぬところで、思わぬ言葉がトラブルを招く。本人はそんなつもりがないのに、「そんなつもり」だとして伝わってしまうのもSNSだ。

Point !

SNSは多様な人が見ている。うかつなコメントはできない。

4

それ、大丈夫？

個人アカウントなら何を投稿しようと個人の自由だ。

バイトテロ

アルバイトなどの従業員が悪ふざけをＳＮＳに投稿し、炎上を招いて、会社や店舗の信用に大きなダメージを与えるというケースがある。この事故を「バイトテロ」という。時には炎上後に信用が回復せず、閉店や倒産になることさえある。そうなる

と、自己責任では済まされなくなる。バイトテロが問題となったのは、２０１３年の７月。高知県内のコンビニで、店員がアイスケースの中で寝そべっている写真をフェイスブックに投稿した。これが炎上した結果、この店舗はフランチャイズ契約を解除され、休業を余儀なくされた。

東京都多摩市のソバ屋は、２０１３年10月９日付けで、東京地方裁判所から破産の開始決定を受けている。同年８月に、アルバイトの大学生が、店舗の洗浄機に体や頭を突っ込むなどの悪ふざけ写真をツイッターに投稿したからである。「不衛生だ」との非難が殺到して炎上し、営業停止に追い込まれ、ついには破産申立を行うに至った。

この年の夏にはバイトテロが相次いでいる。ピザーラのフランチャイズ店として、宅配ピザ店を運営していた会社が、２０１６年８月に倒産した。それは２０１３年８月にアルバイト店員が厨房のシンクに座り込んだり、冷蔵庫に体を入れた様子の写真をネットに投稿したからである。炎上騒動の後も信用が回復せず、やがて事業停止に追い込まれ、ついには破産を申し立てるに至っている。

いたずらや悪ふざけをなどの不適切投稿のツケは大きい。個人のアカウントなら、何を投稿しても個人の自由というわけにはいかない。モラルがあってこそ、個人の自由なのである。

Point ！

自己責任では済まされない。会社や店舗に損害を与える。

5

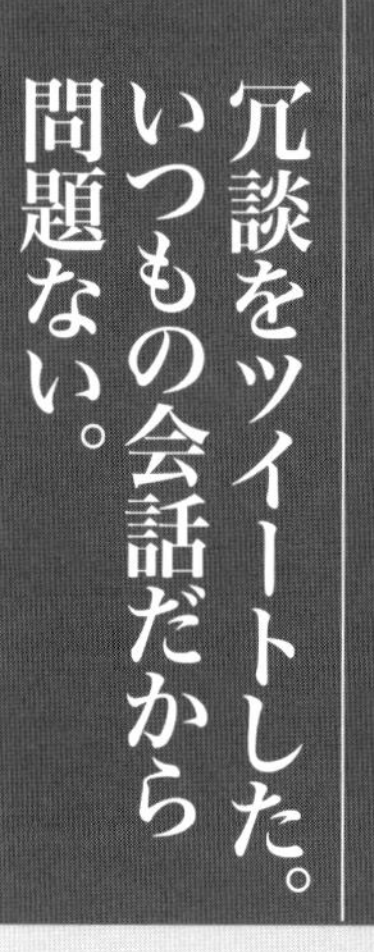

それ、大丈夫？

冗談をツイートした。いつもの会話だから問題ない。

デマの拡散

ある日、明治大学がスイスフランで144億円の損失を出したといううわさがネットで拡散して騒ぎになった。これに対して明治大学が2015年1月16日、公式サイトで「そうした事実は一切ございません」と否定する事態にまでなった。

冗談でツイートしたのに！
やばい！大騒ぎになってしまった！

デマの発信源は2ちゃんねるの市況板だ。「明治大学がデリバティブ取引で144億の損失だそうな。例のスイスフラン上限撤廃により@TBS」との書き込みがされて、これがツイッターに転載されて拡散したのである。さらにツイートを信じた一部まとめサイトが「【速報】明治大学がスイスフランで144億円の損失を出していたことが判明wwwwwwwwww」と紹介した。2ちゃんねる、ツイッター、まとめサイトという見事なデマ連携プレーで、雪だるま式に騒ぎが大きくなった。

1時間45分後に、最初に2ちゃんねるに書き込んだ本人が、同じスレッド内で「ちょっと待ってよ、俺が流した明治スイスフランのやつ、完全にウソなのにツイッターでめちゃくちゃ拡散されてる。俺警察のお世話になるかもしれないな……本当すいませんでした」「TBSでやってたのは、ウソです。それの元ネタを書いたのが僕なんですよ。本当すいませんでした。明治の関係者様にも深く謝りたいと思います」と書き込んでいる。

大学が取引で大損失を出したというデマを発信することは、信用毀損罪（刑法233条前段）に抵触する。ネットへの投稿は人前で公然と述べたことになるので、友達とのおしゃべりとは違うのだ。悪い冗談は冗談では済まされず、犯罪行為となる。自分の一生を狂わせるトラブルになりかねない。

Point ! 悪い冗談を投稿すると犯罪になる。おしゃべりとカキコは大違い。

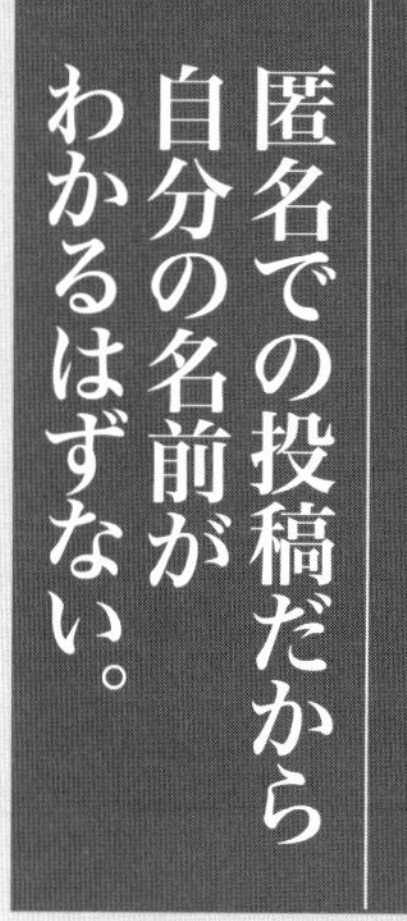

それ、大丈夫？

匿名での投稿だから自分の名前がわかるはずない。

ネットリンチ

ネットの調査力をあなどってはいけない。ネットに集う大勢の人たちが一斉に調査するのだ。やがて実名があばかれる。

不適切な投稿や悪ふざけ写真・動画がネットの中で問題視されたら、あっという間にツイッターで拡散し、

ネット掲示板で報告されて話題になる。すると、すぐに集団による個人情報のあばきが始まるのである。

ネットの調査力をもってすれば、ひとたまりもない。たとえ匿名で投稿していても、過去の投稿や他のＳＮＳでの書き込みなどから、顔写真、住所、学校名・会社名があばかれ、丸裸にされる。

全国に店舗を持つ衣料品チェーンストア「しまむら」で、従業員に土下座させた画像をツイッターに投稿した女性は、実名、住所、生年月日、車のナンバー、職業、家族構成、子どもの名前、顔写真までネット上にさらされた（２０１３年９月）。

３歳児にタバコを吸わせる動画を投稿した父親は、実名、顔写真、生年月日、出身地がさらされ、とんでもない親だとバッシングされた（２０１５年11月）。

有名人の夫婦が、住宅を探して不動産屋に訪れたことを、社員がツイッターに投稿した。この行為がネット上で問題視され、女性社員の氏名、顔写真、前職がさらされた（２０１６年１月）。

非難の書き込みでバッシングされることから、これをネットリンチという。社会的制裁という大義名分のもとで、実名があばかれてバッシングを受ける。ツイッターでのつぶやきは恐ろしい。そして、さらに恐ろしいことは、ネットに拡散した個人情報は消せないということである。

ネットの調査力はあなどれない。不適切な投稿をすると丸裸にされる。

7

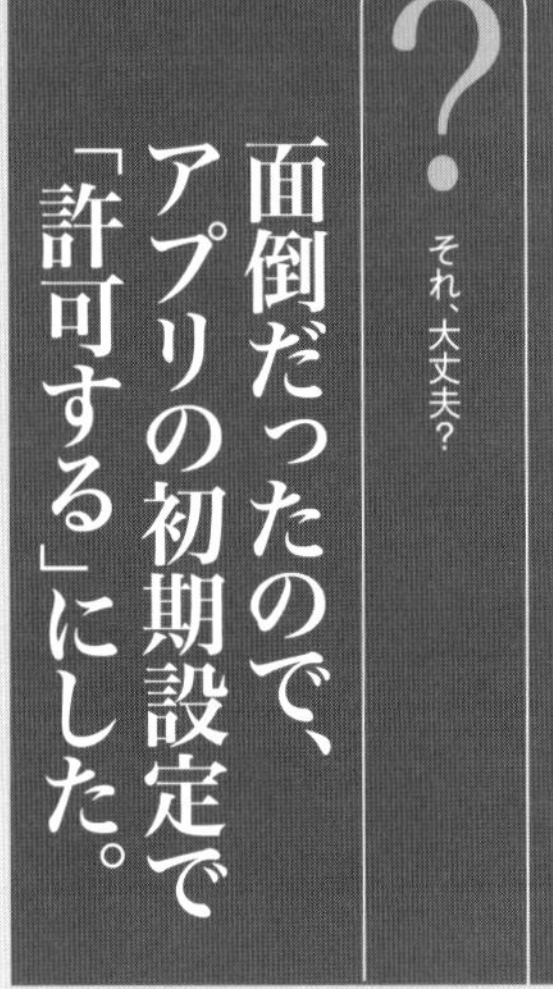

それ、大丈夫？

面倒だったので、アプリの初期設定で「許可する」にした。

スパムアプリ

SNSにはたくさんのアプリが出回っている。楽しいアプリ、便利なアプリ、面白いアプリ……。中には、悪意を持って作られた危険なアプリもある。そんな迷惑なアプリをスパムアプリという。

やってはいけない危ないことは、

スパムアプリをインストールした後の初期設定で、アプリがアクセスできる情報を安易に「許可する」ことである。特に、位置情報やアドレス帳へのアクセスを許可すると、アプリはそれらの情報をネットに送れるようになる。個人情報の収集を目的としたアプリは、やり放題になる。

スマホの中にあるさまざまな情報に、自由にアクセスさせてはいけない。そのアプリにとって本当に必要な情報なのかを考えて許可しよう。ナビや、ポケモンGOのような現在位置を使うアプリには、位置情報が必要だろう。しかし、占いアプリや、写真アプリに位置情報は不要なはずだ。

スパムアプリでやっかいなことは、あなたのミスであなたが加害者になってしまうことだ。被害者ではない、加害者である。友人が被害者になるのである。

あなたが「スパムアプリをバラまく人」になるからだ。つまり、スパムアプリはあなたの名前を使って勝手にSNSに投稿する。あなたの友達は、あなたからの投稿だと信じて、投稿されたアプリをインストールしてしまう。こうして、あなたはスパムアプリの発信源になるのである。

かつてフェイスブックでたくさん出回った「マイカレンダー」は有名なスパムアプリだ。

また、「○○診断」も注意したいアプリである。

Point !

アプリの「許可する」は慎重に。個人情報が流出することも。

8

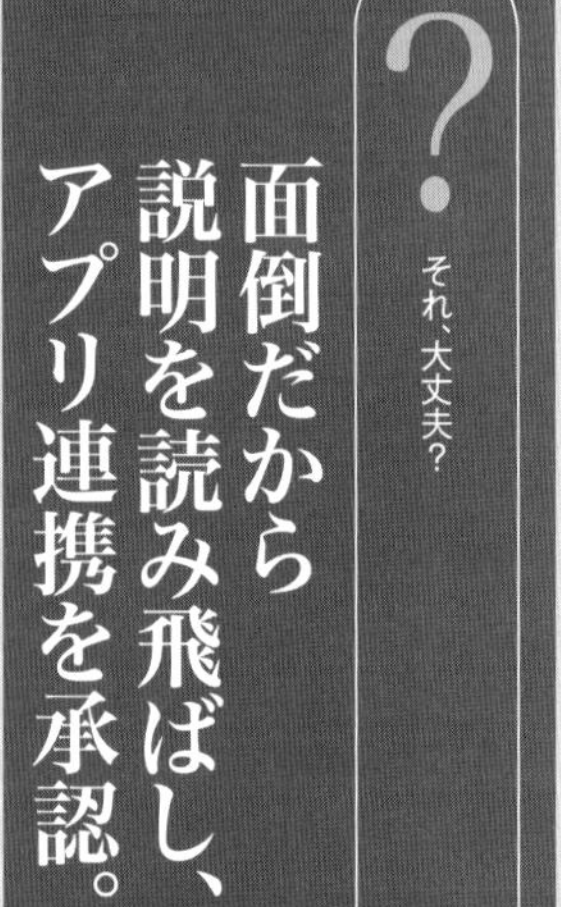

それ、大丈夫？

面倒だから説明を読み飛ばし、アプリ連携を承認。

アプリ連携の承認

アプリ連携は、説明をよく読んでから承認しよう。

適当に承認すると、自分が知らない間に関係者にスパムが送信されてしまう場合がある。

すると、ツイッターのフォロワーから、「スパムがリツイートされて

面倒だから
まぁいいか…
大丈夫でしょ
連携を承認

いるので、アプリ連携を解除してほしい」というメッセージが来ることになる。

手口はこうである。はじめは興味がありそうな情報を真面目にツイートして、フォロワーを集めておく。そして、集めたフォロワーに対して、あるアプリと連携するように誘導する。このアプリに、スパム送信プログラムが仕込まれているのだ。あなたがアプリ連携を承認すると、そのアプリはあなたのアカウントから勝手にスパムをツイートする。ツイートを読んだ人から見ると、あなたがスパムを送信しているかのように見える。非常に迷惑な行為である。

アプリ連携時には、必ず認証が求められる。ここで承認（許可）しなければ迷惑な事態は避けられるのだが、面倒だからと指示されるままにボタンを押して、うっかり承認すると、あなたはスパマー（スパムをまく人）になってしまうのだ。

SNS中に表示される説明画面をいちいち読んで正しく解釈し、判断するのは面倒なことである。なので、表示された画面のままに承認してしまう人も多い。でもうかつに連携すると、勝手にフォローしてしまったり、ダイレクトメールを送ったり、ツイートしてしまうことがある。説明を読むことが面倒だと思ったら、承認してはいけない。

Point ！ あなたがスパムマーになるかも。アプリ連携の承認は慎重に。

9

それ、大丈夫？

アイテムをもらえる？さっそくアプリをインストールだ。

おとりアプリ

うまい話はないとわかっているのに、「お得な情報」「得ワザ」などといわれると、ついつい利用しないと損をするような気持ちになる。

この心理を利用して、「人気のスマホゲームの画像や、アイテムをもらえる」というウソの特典をおとり

に、不正なサイトに誘導するアプリがある。

例えば、人気ゲーム「パズル&ドラゴンズ」の運営会社は、ゲームの名前と画像を無断使用して、「魔法石が簡単に手に入る」と宣伝するアプリを確認した。魔法石は、ゲームを有利に進めることができる有料アイテムで、同社以外が提供することはあり得ない。だから、手に入るとあれば、人が集まる。

このアプリをインストールすると、ゲーム特典をおとりにして、無関係のサイトに誘導される。そのサイトは「お小遣い稼ぎサイト」「ポイントサイト」ともいわれるサイトだ。アンケートに回答するなど、一定の作業をすることでポイントを得られる。つまり、「そのポイントを貯めて、商品券などと交換し、魔法石を買おう!」というのである。

保護者のスマホやタブレットで、子どもがゲームをしている場合は要注意だ。子どもがおとりアプリをインストールすると、保護者のスマホやタブレットが被害にあうことになる。クレジットカード情報やパスワードが記録されていて、再入力せずに使える状態になっている場合は金銭的な被害は大きくなる。大人が使っているスマホやタブレットを、子どもに貸して使わせることが、いかに危険なことかわかるだろう。フィルタリング機能も働かず、アプリをインストールできるのである。

Point

!

タダでもらえるなんてウソ。うまい話にはウラがある。

10

それ、大丈夫？

「いいよ」と返信が来た。OKということなんだよね？

言葉足らず

会話での誤解は、ＳＮＳで発生しがちなトラブルだ。短い文で会話をするから、言葉足らずになりやすい。目の前に相手がいれば、相手は表情を見て言葉を補ってくれる。あいまいな返事でもくみ取ってくれたりするだろう。「あうんの呼吸」も相手

バスかな？
車かな？
「なんで来るの？」
行っちゃマズイのか⁉

が目の前にいるからこそである。でも、SNSでは目の前に相手がいない。

「明日、カラオケに行くよ」「いいね。俺も行くよ」「なんで来るの？」「行っちゃいけないのかよ！」なんて代表的なトラブルだ。「どうやって来るの？」と移動手段を尋ねたつもりなのに、言葉足らずだったために「なぜ来るんだ」と文句を言ったと誤解されてしまった。

「今日、一緒に帰ろう」と彼女を誘ったら、「いいよ」と返信があった。「一緒に帰れる！」とガッツポーズをしたら、ぬか喜びになるかもしれない。彼女が「OK、喜んで」という気持ちで入力したとは限らないからだ。迷惑そうな顔で返信したとしたら、「結構です、お断りします」という意味の「いいよ」だ。あなたは待ち合わせ場所で、来るはずのない彼女を待つハメになるだろう。同じように「大丈夫」という返信も誤解のもとだ。「大丈夫」はOKの意味にもなるし、お断りの意味にもなる。

見事なダンス動画を投稿した。動画を見た友人は感激して「信じられない」とコメントした。これも言葉足らずのコメントだ。「信じられないほどクール！」と賞賛したつもりが、「こんなにひどいダンスを公開するなんて信じられない」という意味にとられることもある。

ネット時代のコミュニケーションだからこそ、一層の国語力が求められるのである。

Point !

ＮＧの「いいよ」もある。正しく伝わるように表現しよう。

11

それ、大丈夫？

面白い情報がツイートされていた。さっそくリツイートだ。

拡散希望の罪

朝、起きたら、自分が犯人になっていた。何が起きているのかわからない。事件とは全く無関係なのに、自分を名指しして犯人だとするツイートが拡散している。そして自分に対するバッシングが始まっている……。これがネットリンチである。

デマやフェイクニュース、根拠のないウワサなど、ネット上には真贋が怪しい情報が数多くある。アクセス数を稼ぐために、わざと煽るような表現を使っている例もある。話題性のある情報ほど拡散するし、「拡散希望」と書かれていれば、協力する人も出てくるだろう。

無責任な拡散が無関係の人をバッシングの被害者にしてしまった例は多い。タレントのスマイリーキクチさんは、女子高生コンクリート詰め殺人（1989年）の犯人グループの一人とされた。「火のないところに煙は立たない！　犯人ではないことを死んで証明しろ！」とまで非難された。スマイリーさんに対する誹謗中傷は20年以上も続いている。大津市で起きた中2いじめ自殺(2011年）では、無関係の女性が加害少年の母親として実名をさらされた。その影響で職場には1日に何十件も中傷する電話が殺到している。東名高速あおり事件（2017年）では、無関係の会社が容疑者の勤務先として拡散し、その社長が父親だとされた。常磐道でのあおり殴打事件（2019年）でのガラケー女だ、とされた女性がいる。どの被害者も仕事や生活に多大な被害を受けている。

間違った情報を転載やリツイート、拡散させた場合、自分も加害者になる。無責任な拡散希望は慎むべきであり、真に受けて拡散させる行為も慎むべきである。

Point

無責任に拡散すると自分が加害者になる。

12

それ、大丈夫？

自慢話や武勇伝をSNSで友達と分かち合おう。

悪ふざけの投稿

悪ふざけの画像や動画を投稿すると大変なトラブルを引き起こす。炎上すると、投稿者の個人情報があばかれて、バッシングも行われる。

バイトテロ、未成年者の喫煙や飲酒、万引自慢、線路に立ち入った記念写真など、悪ふざけの投稿はいっ

どうぞ
見て！
未成年喫煙だって！
どう？
どんどん
広がっていく！
わぁー

たん個人情報がさらされると、その個人情報とともに拡散する。一度ネット上で転載されて拡散すると、削除をすることは、ほとんど不可能である。これがネットに残って「デジタルタトゥー」になってしまう。

デジタルタトゥーは、一生消えないネット上の刺青である。就職するとき、結婚するとき、転職するとき、人生の節目のたびにデジタルタトゥーが暴かれて、社会的制裁を受けることになる。

「公開範囲を友達に限定して投稿すれば、拡散の危険はないはず」なんて考えていませんか？　世の中で炎上騒ぎを起こした画像や動画の多くは、最初は友達限定で掲載されているものばかりなのだ。仲間だけで共有していると思っていたら大間違い。「友達限定」で投稿すると、確かに最初に見るのは友達だろう。でも、その友達のネットワークを遮断しているわけではないので、その先にまで流れることは十分にあり得ることなのだ。ＳＮＳに投稿するということは、「ＳＮＳの利用者全員と共有することになるかもしれない」ということである。炎上すれば、匿名など意味がなくなる。

悪ふざけの不祥事がネットに残ると、社会的制裁を一生受け続けることになりかねない。武勇伝や自慢話、悪い冗談は、ＳＮＳを使わず仲間内だけのおしゃべりにとどめた方がよさそうだ。

Point
！
悪ふざけが炎上すると一生消せなくなる。

column コラム 5

走り
スマホ

ＬＩＮＥには「５分ルール」がある。

「５分ルール」とは、「落とした食べ物を拾って食べても大丈夫な時間」のことではない。これは、ＬＩＮＥで返信するまでの時間のルールで、子どもたちの間で作られているようだ。

「５分以内に返信がないのは無視したのと同じ」「返信が遅いのは友達ではない」ということになっていて、いじめの材料にもなっている。ローカルには「３分ルール」や「１分ルール」などというものもあるらしい。

また、子どもの世界だけではない。ママ友の世界でも、「ボスママが決めた時間以内に返信するルール」があったりする。

そうはいっても、早く返信しようとして、歩きながらスマホを操作することは危険である。ましてや自転車でのスマホはもっと危険だ。

２００４年11月に、道路交通法が改正されて、「自動車運転中にスマホを操作すると、反則金６千円」となった。

では、自転車はいいのだろうか？

自転車もダメである。各都道府県の道路交通規則により、「自転車でのスマホは罰金５万円」となっている。自転車は、「軽車両」として車両扱いになるのだ。

スマホを見ながら歩行者にぶつかって怪我をさせたら、自動車並みの損害賠償責任を負うことになる。その金額は数千万円になることもある。

ＳＮＳのチェックは、立ち止まって行いたいものである。

【第6章】

トラブルにあわない使い方

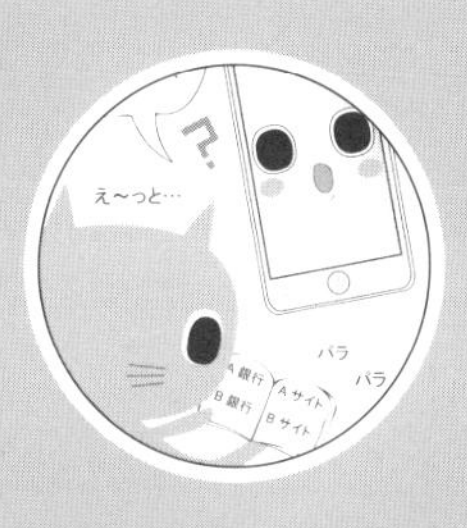

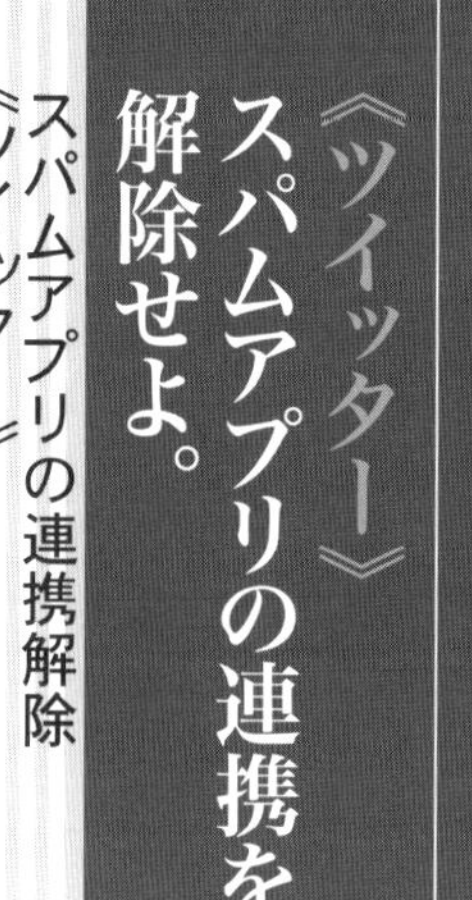

《ツイッター》スパムアプリの連携を解除せよ。

スパムアプリの連携解除《ツイッター》

悪意のある連携アプリを認証してしまうと、宣伝ツイートを勝手に投稿したりするなど、まるでアカウントを乗っ取られたようになる。勝手にツイートする悪意の連携アプリに与えてしまった許可を取り消そう。

プロフィール
▼
設定とプライバシー
▼
アプリケーション ▶ アプリ

アプリを選択して「アクセス権を取り消す」を選択する

［1］https://mobile.twitter.com にアクセス
ツイッターを起動するのではなく、ブラウザを使う。そして、ツイッターにログインする。

［2］プロフィールを選択
左上のプロフィールのアイコンの表示場所は、機種によって異なる。左上にあったり、右上にあったりする場合がある。

［3］設定とプライバシーを選択
メニューの「設定とプライバシー」を選択する。使っているスマホによっては、メニューは「設定とプライバシー」ではなく、「設定」と表示されている場合もある。

［4］アプリケーションを選択
設定ページで「アプリケーション」を選択する。

［5］アクセス権を取り消すアプリを選択
不審なアプリを見つけて、「アクセス権を取り消す」を選択する。「承認済み」欄にある日付けも判断の目安になる。最近、承認したアプリから疑おう。これで連携を解除したアプリが一覧からなくなる。

Point !
スパムアプリに与えたアクセス権を取り消そう。

2

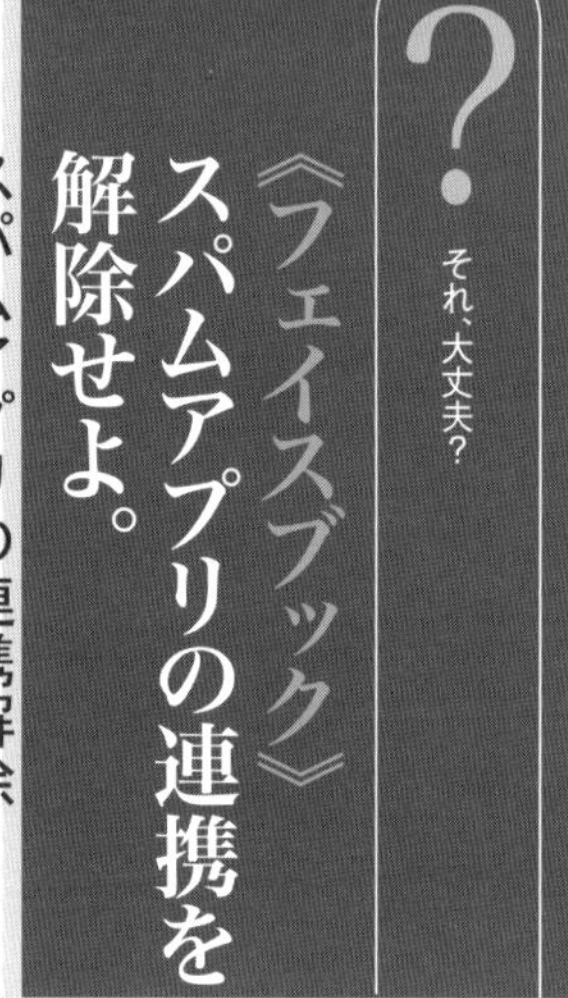

それ、大丈夫？

《フェイスブック》スパムアプリの連携を解除せよ。

スパムアプリの連携解除
《フェイスブック》

［1］フェイスブックにログイン
［2］その他を選択
「その他」の表示場所は、機種によって異なっている。右下の場合や右上に表示されている場合もある。
［3］設定を選択
「その他」を選択すると、「友達」

その他 ▶ 設定 ▶ アカウント設定 ▶ アプリ

アプリを選択して
下までスクロールし、
「削除」を選択する

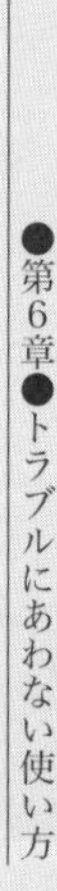

●第6章●トラブルにあわない使い方

や「イベント」などの項目が表示される。その画面の下までスクロールして、「設定」を選択する。
[4] アカウント設定を選択
[5] アプリを選択
再び画面を下までスクロールして、「アプリ」を選択する。
[6] Facebookでログインを選択
「アプリとウェブサイト」画面で「Facebookでログイン」を選ぶ。
[7] 連携を解除したいアプリを選択
アプリ一覧から見覚えのないアプリを選ぶ。
[8] 削除を選択
画面を下までスクロールし、削除を選ぶ。
もし、変なアプリの連携を認証してしまって、スパムツイートを勝手に投稿された場合は、スパム投稿をしてしまったことをフォロワーに通知しよう。また、自身の掲示板にスパムアプリの投稿があったら、投稿の右上の「×」を押して削除しよう。

Point !
スパムアプリに与えた連携許可を取り消そう。

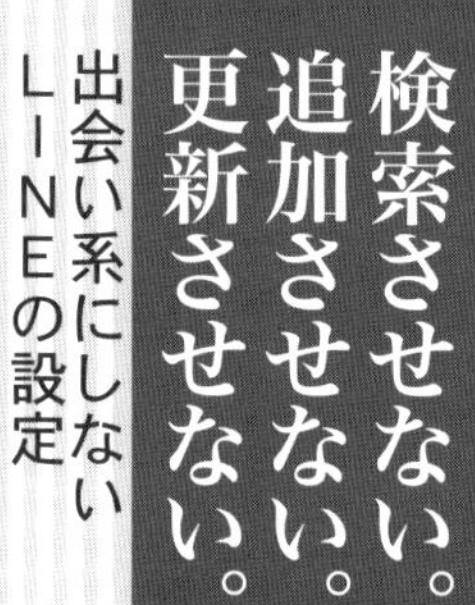

それ、大丈夫?

検索させない。追加させない。更新させない。

出会い系にしないLINEの設定

勝手に友達に追加されたり、知らない人が友達になったり、知らない人からメッセージがきたり、というLINEのトラブルは、最初に行う初期設定が適切でなかった場合に発生する。

「激安贅沢コピー品」などの詐欺

「○○の許可」「○○の追加」をオフ！
「○○利用しない」を選択！
設定で
しっかり防御！

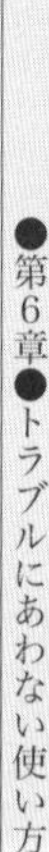

まがいの宣伝メッセージが入ってくるのも、設定がゆるいからだ。知り合いでもない人からのメッセージが入ってこないようにしよう。

登録した人とだけやり取りする。それ以外の人からのメッセージは受けない。そんな平和な使い方をすれば、トラブルを避けることができる。

［1］「友だち自動追加」をオフにする。
［2］「友だちへの追加を許可」をオフにする。
［3］電話帳を「自動更新なし」にする。
［4］「ＩＤの検索を許可」をオフにする。
［5］「メッセージ通知の内容表示」をオフにする。
［6］友人ごとに公開・非公開を設定する。
［7］タイムラインの「新しい友だちに自動公開する」をオフにする。
［8］「知り合いかも」表示を「しない」に設定する。

Point !

知り合い以外からのメッセージをシャットアウトしよう。

それ、大丈夫？

フェイスブックは実名登録制。個人情報を守れ。

プライバシーを守る設定

フェイスブックは、実名登録を前提としている。それだけに、フェイスブックで自分に連絡をとれる人や、自分を検索できる人を制限していなければ、個人情報が漏れてしまう。

［1］フェイスブックにログイン

その他 ▶ 設定 ▶ プライバシー

3つの分野の

プライバシーを設定できる

★ 私のコンテンツを見ることができる人

★ 私に連絡をとることができる人

★ 私を検索できる人

［2］その他を選択
［3］設定を選択
［4］プライバシーを選択
　次の3つの分野のプライバシーを設定できる。
◆私のコンテンツを見ることができる人
・今回の投稿の共有範囲
・友達リクエストのプライバシー設定（公開／友達／自分のみ）
◆私に連絡をとることができる人
・あなたに友達リクエストを送信できる人（全員／友達の友達）
◆私を検索できる人（あなたを検索できる人を制限する）
・メールアドレスを使って私を検索できる人（全員／友達の友達／友達）
・電話番号を使ってあなたを検索できる人（全員／友達の友達／友達）
・Facebook外の検索エンジンによるプロフィールへのリンク（許可する／しない）

Point !
実名登録が前提だからこそプライバシーの設定は必須。

5

それ、大丈夫？

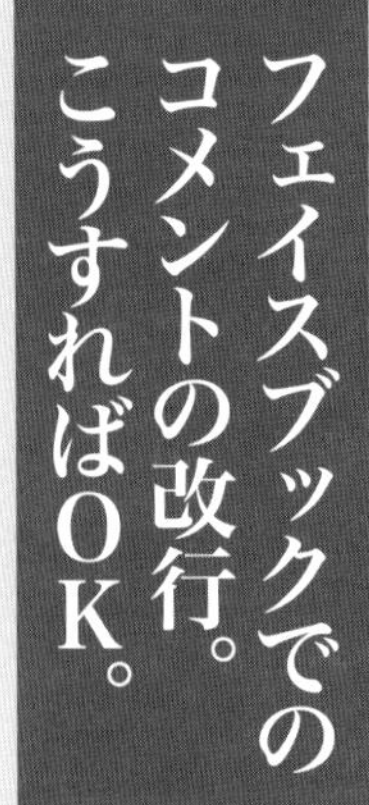

フェイスブックでのコメントの改行。こうすればＯＫ。

改行のつもりが投稿完了

友人のフェイスブックページにコメントを入力する。そして、改行しようとして思わずキーボードの「Ｅｎｔｅｒキー」をたたいてしまう。あっと思ったときには、未完結の文章を投稿してしまっている。こんなトラブルを経験した人は多いだろう。

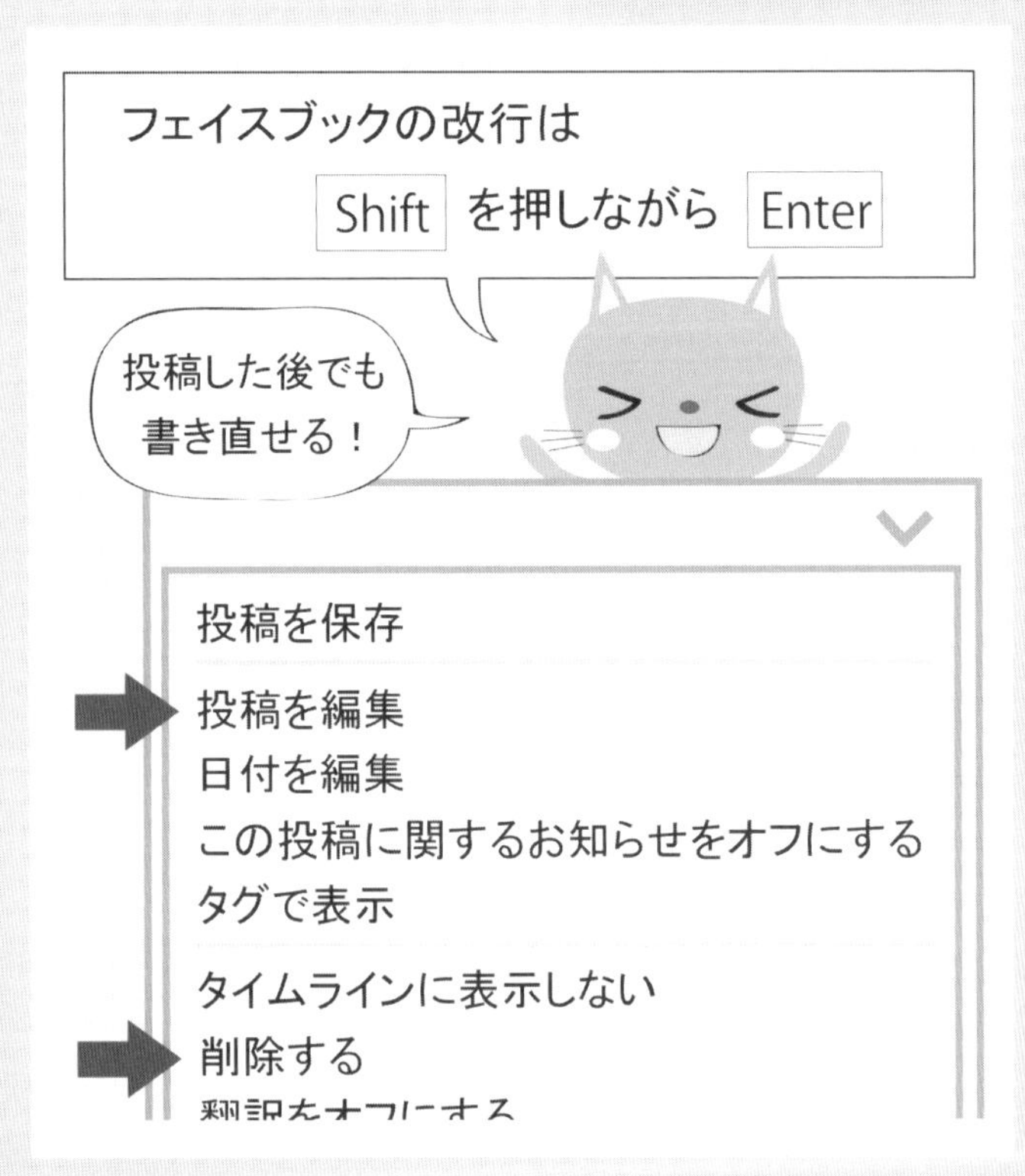

フェイスブックでコメントを改行する方法は、「シフトキーを押しながら『Ｅｎｔｅｒキー』」が正解である。

パソコン操作の多くの場面で、改行するときは「Ｅｎｔｅｒキー」を使うので、習慣で「Ｅｎｔｅｒキー」を押してしまいがちだ。まだコメントが完結していないのに、中途半端な文で投稿してしまいへコむということになる。

でも、慌てることはない。投稿した後でも救う方法がある。誤投稿してしまったコメントは、事後でも編集や削除ができる。その方法は、コメントの右上に表示されている「∨」印をクリックすればよい。編集のためのメニューが表示される。

「投稿を編集」を選ぶと編集の画面が表示される。文章を手直ししてから「保存する」ボタンのクリックで、コメントが書き換えられる。これで安心だ。世の中のしくじりの多くは取り消すことができないが、この小さなしくじりにはやり直すチャンスが用意されている。知っておくとへコむことなくフェイスブックを楽しむことができる。

Point！
シフトキーを押しながら「Ｅｎｔｅｒキー」で改行できる。

6

それ、大丈夫？

宛先間違いの発信。拡散ツールなだけに大ケガになることも。

誤爆予防

ＳＮＳは基本的に拡散ツールである。シェアしたり、リツイートすることで、爆発的に広めることができる。広めたくない投稿には、公開範囲を制限しておいた方が安全である。

◆ツイッター

ツイッター

iPhone の場合

プロフィール ▶ 設定とプライバシー ▶ プライバシーとセキュリティ ▶ プライバシー

Android の場合

プロフィール ▶ 設定とプライバシー ▶ プライバシーとセキュリティ ▶ ツイート

アカウントごとに、「ツイートを公開にするのか」「非公開にするのか」を設定することができる。ツイートを公開にすると、それまで非公開だったツイートが公開されることになるので、トラブルにならないよう注意しなければならない。

◆フェイスブック

投稿するときには、「投稿のプライバシーを設定できる共有範囲」の選択ツールが表示される。このツールをクリックすると、シェアする相手を選択できる。

◆インスタグラム

ツイッター同様、基本的には公開設定となっている。他人に見せたくない場合は、「設定」でオプション画面を表示させる。そして、「非公開アカウント設定」をオンにする。この時点から、投稿した写真を見ることができるのは、フォロワーだけになる。

◆ＬＩＮＥ

ＬＩＮＥのタイムラインでの誤爆を防ぐには、「その他」↓「設定」↓「タイムライン」へ進み、「公開範囲設定」から非公開にする相手を設定する方法がよい。

Point !

ＳＮＳは拡散ツール。公開範囲が歯止めになる。

7

それ、大丈夫？

使い回しは厳禁。それぞれに設定してしっかり管理。

パスワードの管理

パスワードは利用するサービスごとに変えた方がよい。同じパスワードを使い回していると、犯罪の被害にあう危険があるからだ。特にいくつものSNSのパスワードを同じにしていると、なりすましが発生して、友人たちが迷惑することになる。

Aサイトの
パスワードは？
え〜っと…
A銀行
B銀行
Aサイト
Bサイト
パラ
パラ

悩ましいのは、覚えきれなくなることだ。パスワードや暗証番号は、生活の中にあふれている。それらを一つひとつ違うものにすると、覚えきれなくなってしまう。パスワードをスマホにメモっておけばいいって？　スマホは使用頻度が高いので、紛失や置き忘れも多い。バッグやカバンの中で、ひっそりと待機している手帳の方がまだ安全である。

パスワードの管理は、アナログではあるけれど、「自分の手帳に記入しておく」という方法が最も確実でおススメだ。しかし、肝心の手帳をなくしたら、それでオジャンになる。これはパスワードを使い回す危険と、手帳を紛失する危険のトレードオフなのである。なりすまされる危険性に比べれば、面倒でもその都度、手帳で確認しながら入力する安全性の方が上回るだろう。安全はプライスレスだ。

パスワードの入力の度に手帳を開く手間は確かにわずらわしい。ということでパスワード管理のソフトが登場した。このソフトを起動するパスワードさえ覚えておけばよい。でも、パソコンも機械なので、いつ壊れるのかわからない。Windowsが起動しなくなって焦った経験を持つ人も多いだろう。

壊れるかもしれない機械となくすかもしれない手帳、この比較も手帳の方に軍配が上がるようだ。

Point !

パスワードはそれぞれに変えて手帳で管理が最も確実。

8

それ、大丈夫？

投稿した場所を全国に知らせる必要はない。

位置情報サービスのオフ

位置情報サービスについては、機能自体をオフにもできるし、アプリごとに位置情報を使用不可にもできる。アプリに「カメラ」を指定すれば、写真に位置情報が付加されないようになる。

iPhone の場合

設定 ▶ プライバシー ▶ 位置情報サービス

アプリ一覧の中から「アプリ」を選び
「許可しない」にする

Android の場合

アプリの権限の中から「アプリ」を選び
「許可しない」にする

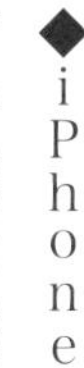

◆iPhone

[1]設定を選択
[2]プライバシーを選択
[3]位置情報サービスを選択
[4]アプリ一覧から該当のアプリを選択
[5]「許可しない」を選ぶ

[4]でfacebookを選べば、facebookに投稿する際に、位置情報が付加されなくなる。

◆Android

[1]設定を選択
[2]アプリを選択
[3]アプリ一覧から目的のアプリを選ぶ
[4]許可を選択
[5]アプリの権限一覧から「位置情報」をオフにする

Point !

ナビでは位置情報がオンになっている。通常はオフにしておこう。

9

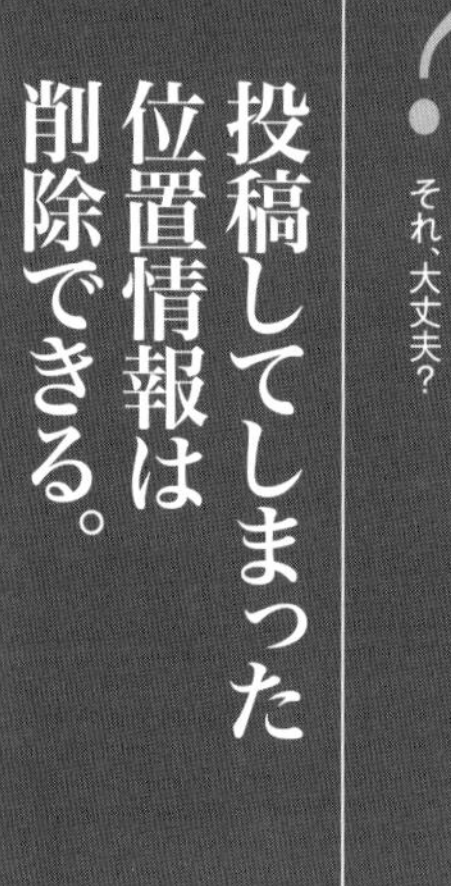

それ、大丈夫？

投稿してしまった位置情報は削除できる。

位置情報の削除

うっかり位置情報サービスをオンにしたままSNSに投稿すると、位置情報が付加されてしまう。そんなふうにして投稿してしまった位置情報は、後からでも次の方法で削除ができる。

大丈夫！消せるよ！
位置情報をオンのまま
投稿しちゃった！

◆ツイッター

ツイート自体を削除せずに、ツイートに追加された位置情報だけを削除する方法がある。しかも、過去の全ツイートを対象にして一括処理ができる。ただし、スマホではなく、パソコンを使用する。

[1]パソコンでツイッターにログイン
[2]右上のアカウントをクリック
[3]設定を選択
[4]セキュリティとプライバシーを選択
[5]「全ての位置情報を削除」を選択
[6]OKを選択

◆フェイスブック

位置情報サービスをオンにしていると、投稿に「○○県△△市付近」などと表示される。

[1]パソコンでfacebookにログイン
[2]その投稿に移動
[3]❯をクリック
[4]「投稿を編集」を選択

[5] (ピンマーク) のアイコンをクリック

[6] 「あなたの位置情報」の右にある「X」をクリック

[7] 現在地を削除

[8] 保存をクリック

◆インスタグラム

すでに投稿済みの写真に、位置情報が付加されていた場合は、次の方法で削除できる。

[1] プロフィールページ

[2] (ピンマーク) のアイコンをクリック

[3] 右上の「編集」を選択

[4] 位置情報を削除したい写真を選択

写真をタップすると、写真右上の「1」が「0」に変わる。

[5] 右上の「完了」を選択

「位置情報タグ1件を削除しますか?」のメッセージに「承認」を選ぶ。

Point
!
ＳＮＳに投稿される写真からは位置情報が削除されている。

カメラアプリの位置情報の使用は
「許可しない」を選んでおこう！
キリッ
安心

ＳＮＳに投稿する写真に関しては、安心してもよさそうだ。現在は主要なＳＮＳ（フェイスブック、ツイッター、ＬＩＮＥ、インスタグラム）では、投稿された写真に付加されている位置情報が自動で削除されるようになっている。

しかし、その措置がとられる前に投稿した写真には、位置情報が付加されている可能性がある。

また、ホームページに掲載した写真やメール添付で送信した写真では、位置情報が自動的には削除されていない。

やはり、カメラアプリには位置情報の使用を許可しない方が無難である。

10

それ、大丈夫?

SNSに潜む危険な地雷を踏まないように。

SNSの地雷たち

◆その写真、大丈夫?

他の人が写っている写真を、本人に断りなく投稿すると、トラブルの因(もと)になる。SNSは多くの人がつながっているネットワークだ。たとえ公開範囲を限定していても、人から人に拡散することがある。

◆そのリンク、大丈夫？

たとえ友達が投稿したものでも、安全なサイトにつながるという保証はない。うかつにクリックすると、悪質なサイトにつながって、被害をこうむる危険がある。

◆その宛先、大丈夫？

誤爆といわれる宛先間違いは、ＳＮＳでは定番のトラブルだ。友達に送ろうとして、ひわいなメッセージを母親に送ってしまったしくじりや、悪口を本人がいるグループに投げ込んでしまった失敗など、実例がたくさん発生している。

◆そのアプリ、大丈夫？

ウイルスが仕込まれたアプリや、不正を働くアプリが出回っている。あなたになりすまして、勝手に迷惑投稿するスパムアプリもたくさんある。連携を承認するときは、特に要注意だ。

◆その相手、大丈夫？

ネットで知り合った人は、素性が不明だ。ＳＮＳ上では名前や年齢だけでなく、性別でさえ偽ることができる。なりすましの可能性もある。

Point！

トラブルを回避して便利に使おう。

11

それ、大丈夫？

SNSを使えばいろんな人と知り合いになれる。

悪人との手軽な接点

子どもがSNSで知り合った人と会って、犯罪に巻き込まれるという事件が起きている。警視庁によると、SNS利用で犯罪被害に遭った子どもの人数は、年間1800人を超えている。毎日5人が被害者になっている勘定だ。

出会い系サイトは、フィルタリングでブロックできるだろう。しかし、出会い系サイトよりも、インスタグラムやツイッターなど、日常的に使うSNSで被害に遭うケースの方が、圧倒的に多い。つまり、フィルタリングは、被害防止の基本ではあるが、万能ではない。SNSで出会った男に大阪から栃木まで連れて行かれ監禁された、小6女児のケースもある。SNSには善人だけでなく、多くの悪人がいることを子どもに教えなければならない。

学校では、人に親切にすることを教えるだろう。だが、学校での教えを正直に守ると、ネットでは被害を受けることになる。ネットではうかつに人に親切にしてはならない。親切にしたその人が、悪人の場合だってあるのだ。また、学校では呼びかけられたら返事をすることを教えるだろう。無視はいじめにつながると説明しているはずだ。だから、宛先間違いを装ったメッセージに、「間違っていますよ」と返信する子どもは多い。返信すると悪人の思うツボになる。このようなときには、無視することを教えなければならない。そして、学校では困っている人がいたら助けなさいと教えるだろう。しかし、ネットでは助けてはならない。悪人は困っているフリをして助けを求めてくるからだ。

子どもたちをネット被害から守るには、ネットに特化した教育・啓発が必要である。

Point

!

現実社会は危ない。ネット社会はもっと危ない。

【脚注】

●第1章

［注1］ 日本法規情報株式会社の調べでは、48％の人がトラブルにあったと答えている。

［注2］ サンケイ新聞　１９８７年（昭和62年）７月10日

●第2章

［注1］ ロビン・イアン・マクドナルド・ダンバー（Robin Ian MacDonald Dunbar １９４７年6月28日）。イギリスの人類学者、進化生物学者。

●第3章

［注1］ Kaspersky Lab.、Social network frauds By Nadezhda Demidova on June 11, 2014. 10:19 pm

［注2］ ２０１４年10月27日までに警察に寄せられた被害届と被害相談は６５７件で、うち３６８件で電子マネーなどがだまし取られ、被害総額は約2千８００万円に上った。

［注3］ Personal Identification Number の略。USIM カード（電話番号や顧客情報などのデータを保有するICカード）用の暗証番号。初期設定は「9999」である。

［注4］ 日経パソコン誌が２０１３年3月にパソコン活用サイト「PC Online」上で実施したアンケート調査。有効回答数３５４（平均年齢：51・1歳）。

［注5］ ツイッターで相互にフォローしている人同士で行なえる非公開メッセージ。

［注6］ 大津市中2いじめ自殺事件。２０１１年10月11日に滋賀県大津市内の男子生徒（中2）がいじめを苦に自殺した事件

●第4章

［注1］ セロテープは、ニチバンの登録商標である。

●**第5章**

［注1］　2015年7月27日の事件

［注2］　2015年12月に、電通の入社9か月の新入社員が自殺した。1か月に105時間もの残業を余儀なくされ、うつ病を発症。長時間労働による過労で自殺したとして、翌年9月に労災認定を受けている。

あとがき

ネットで知り合った人と「会ったことがある」「会ってもいいと思っている」という子どもは、全体の半分を占めるという調査結果が発表されました。SNSの世界には犯罪のニオイがプンプンしています。会うことに肯定的な子どもたちが多くいる背景には、ネットの使い方の変化があるのです。

ネットでは、インスタに写真を投稿したり、ユーチューブで動画を見たり、グーグルで調べ物をしたりするのは当たり前です。現代のネットの使い方は、「友達探し」なのです。クラスに自分と同じ趣味の友達がいない。同じ芸能人を好きな友達がいない。そんな時、ネットで探すのです。

SNSには多くの人が自分の興味・関心を発信しているので、自分と同じ趣味の人をネットの中で簡単に見つけることができるのです。そして、同じ話題で会話ができるのです。

ネットで友達を探す子どもたちの心理を逆手に取れば、ウソの友達になりすまして近づくことは容易です。悪知恵が働く大人にしてみれば、社会経験の浅い子どもをだますことはたやすいでしょう。親の目をかいくぐって子どもにコンタクトする。仲良くなって会う。そして、重大なトラブルに発展するのです。

子どもがSNSで知り合った大人に、遠方まで連れ去られるという事件が起きました。起こるべくして起きた事件です。多くの保護者はぞっとしたことでしょう。漠然と感じていた不安が、現実のものになってしまったのです。

子どもがスマホを持ちたいと言い始めたならば、保護者はがまんさせることが難しくなっています。もしも、スマホを持っていなかったら、放課後に行われる仲良しグループの会話に加わることができず、孤立するかもしれません。また、持っていればさまざまなトラブルと背中合わせになります。持っていても、持っていなくてもトラブルのもとになる。スマホはなんとやっかいな道具なのでしょうか。

皆さんは「プロメテウスの火」を知っていますか？

私はインターネットの現状を見るにつけ、「プロメテウスの火」を思い出します。プロメテウスというのは、ギリシャ神話に出てくる神の名前です。

プロメテウスは人類に火を与えました。そのお陰で人類は食べ物を調理したり、暖をとったり、明かりをともしたりができるようになりました。しかし、その半面、人類は火を使って武器を作り、他の人間を傷つけたのです。私にはインターネットが「プロメテウスの火」と重なって見えます。便利だということは、その背後に同じ大きさの危険が潜んでいます。

ＳＮＳによるトラブルは、「結局は使い方次第」という簡単な言葉で片付けられるほど簡単な問題ではありません。間違ってデジタルタトゥーになってしまったら、社会的な制裁が一生続くこともあるのです。大人には自己責任と言えるかもしれません。しかし、被害に遭った子どもにとっては、自己責任や自業自得の言葉では済まされません。私たちはＳＮＳに潜んでいる危険を知り、その危険を回避しながら、上手に使う必要があるのです。

本書には、ＳＮＳをめぐるトラブルを紹介しています。本書がＳＮＳのトラブルを回避することに役立つことを願っています。

著者紹介――――佐藤 佳弘（SATO, Yoshihiro）

東北大学を卒業後、富士通（株）に入社。その後、東京都立高等学校教諭、（株）NTTデータを経て、現在は 株式会社 情報文化総合研究所 代表取締役、武蔵野大学 名誉教授、早稲田大学大学院 非常勤講師、総務省 自治大学校 講師、明治学院大学 非常勤講師。ほかに、西東京市 情報政策専門員、東久留米市 個人情報保護審査会 会長、東村山市 情報公開運営審議会 会長、東京都人権施策に関する専門家会議 委員、京都府・市町村インターネットによる人権侵害対策研究会 アドバイザー、オール京都で子どもを守るインターネット利用対策協議会 アドバイザー、西東京市 社会福祉協議会 情報対策専門員、NPO法人 市民と電子自治体ネットワーク 理事、大阪経済法科大学 アジア太平洋研究センター 客員研究員。（すべて現職）
専門は、社会情報学。1999年４月に学術博士（東京大学）を取得。主な著書に、『情報化社会の歩き方』（ミネルヴァ書房）、『ＩＴ社会の護身術』（春風社）、『ネットでやって良いこと悪いこと』『メディア社会やって良いこと悪いこと』（すべて源）、『わかる！伝わる！プレゼン力』『わかる！伝わる！文章力』『インターネットと人権侵害』『脱！スマホのトラブル』（すべて武蔵野大学出版会）など。
e-mail:icit.sato@nifty.com　http://www.icit.jp/

《増補版》脱！ SNSのトラブル
LINE フェイスブック ツイッター
やって良いこと悪いこと

発行日	2020年4月15日　初版第1刷
編著者	佐藤 佳弘
発行	武蔵野大学出版会 〒202-8585 東京都西東京市新町1-1-20 武蔵野大学構内 Tel. 042-468-3003 Fax. 042-468-3004
カバーイラスト	平井哲蔵
本文イラスト	初瀬 優
装丁・本文デザイン	田中眞一
編集	斎藤 晃（武蔵野大学出版会）
印刷	株式会社ルナテック

ISBN 978-4-903281-47-6

武蔵野大学出版会ホームページ
http://mubs.jp/syuppan/